恐龙大百科

肉食恐龙大集合

崔钟雷　主编

黑龙江美术出版社

霸王龙

bà wáng lóng shì ròu shí xìng kǒng lóng zhōng zuì dà xíng　 zuì jù lì liàng
霸王龙是肉食性恐龙中最大型、最具力量

de yì zhǒng　 bà wáng lóng shì mù qián bèi rén lèi liǎo jiě hé rèn shi de zuì zhù
的一种。霸王龙是目前被人类了解和认识的最著

míng de yì zhǒng kǒng lóng　 yě shì shì jiè shang zuì xiōng měng de kǒng lóng
名的一种恐龙,也是世界上最凶猛的恐龙。

bà wáng lóng jīng cháng cǎi qǔ fú jī de fāng shì liè shí   bà wáng lóng
霸王龙经常采取伏击的方式猎食。霸王龙

hòu zhī qiáng zhuàng yǒu lì   néng kuài sù zhuī jī liè wù   kǒng pà méi yǒu shén
后肢强 壮 有力，能快速追击猎物，恐怕没有什

me liè wù néng táo guò tā men de zhuī shā
么猎物能逃过它们的追杀。

◆ 身长：11 米~15 米

♥ 体重：8 吨~15 吨

♣ 生存时期：白垩纪

◆ 化石发现地：美国、加拿大、澳大利亚

埃雷拉龙

āi léi lā lóng de qián zhī shang zhǎng yǒu ruì lì de zhuǎ zi néng gòu
埃雷拉龙的前肢上 长 有锐利的爪子，能够
jiāng liè wù jǐn jǐn zhuā zhù āi léi lā lóng de hòu zhī hěn cháng ér qiě shí
将猎物紧紧抓住。埃雷拉龙的后肢很长，而且十
fēn yǒu lì néng gòu zhí lì xíng zǒu
分有力，能够直立行走。

恐龙档案

♠ 身长:3米~6米
♥ 体重:210千克~350千克
♣ 生存时期:三叠纪
◆ 化石发现地:阿根廷

4

āi léi lā lóng de tīng jué kě néng hěn líng mǐn　bǔ shí shí　āi
埃雷拉龙的听觉可能很灵敏。捕食时，埃

léi lā lóng néng lì yòng shì jué hé tīng jué quán fāng wèi suǒ dìng liè wù
雷拉龙能利用视觉和听觉全方位锁定猎物，

tí gāo bǔ shí chéng gōng lǜ
提高捕食成功率。

奥卡龙

奥卡龙是一种体形中等的肉食性恐龙，鼻部至眼睛上方长有突起的棱状结构，这种结构能够在一定程度上起到保护头部的作用。

ào kǎ lóng de tóu lú gǔ hěn hòu　yǒu kǒng dòng　néng gòu yǒu xiào
奥卡龙的头颅骨很厚，有孔洞，能够有效

de jiǎn qīng tóu bù zhòng liàng　tā men de kǒu bí bù jiào dà　wěi ba shí
地减轻头部重量，它们的口鼻部较大，尾巴十

fēn cū zhuàng
分粗壮。

　　ào kǎ lóng duǎn xiǎo de qián zhī bú jù bèi xíng zǒu néng lì　tā men kě
奥卡龙短小的前肢不具备行走能力，它们可

lì yòng qiáng zhuàng de hòu zú bēn pǎo　bēn pǎo shí　ào kǎ lóng de wěi ba
利用强壮的后足奔跑。奔跑时，奥卡龙的尾巴

néng bǎo chí shēn tǐ píng héng
能保持身体平衡。

恐龙档案

♠ 身长：约 5 米

♥ 体重：约 750 千克

♣ 生存时期：白垩纪

◆ 化石发现地：阿根廷

7

帝龙

dì lóng shì yì zhǒng xiǎo xíng ròu shí xìng kǒng lóng　tā men xíng dòng mǐn
帝龙是一种小型肉食性恐龙，它们行动敏

jié　yōng yǒu fēi cháng chū sè de bǔ shí néng lì　dì lóng huì cǎi qǔ qún tǐ liè
捷，拥有非常出色的捕食能力。帝龙会采取群体猎

shí de fāng shì lái bǔ shí liè wù　zhè yàng kě yǐ tí gāo bǔ shí chéng gōng lǜ
食的方式来捕食猎物，这样可以提高捕食成功率。

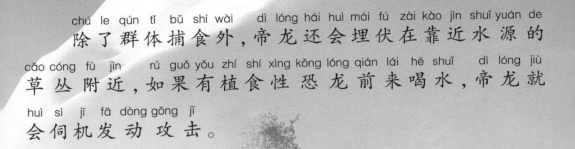

chú le qún tǐ bǔ shí wài　　dì lóng hái huì mái fú zài kào jìn shuǐ yuán de
除了群体捕食外，帝龙还会埋伏在靠近水源的
cǎo cóng fù jìn　　rú guǒ yǒu zhí shí xìng kǒng lóng qián lái hē shuǐ　　dì lóng jiù
草丛附近，如果有植食性恐龙前来喝水，帝龙就
huì sì jī fā dòng gōng jī
会伺机发动攻击。

珍龙档案

♠ 身长：1.5米～2米

♥ 体重：不详

♣ 生存时期：白垩纪

◆ 化石发现地：中国

9

南方猎龙

nán fāng liè lóng shì yì zhǒng xiǎo xíng ròu shí xìng kǒng lóng　　tā men gǔ
南方猎龙是一种小型肉食性恐龙，它们骨

gé qīng yíng　　xíng dòng mǐn jié　　céng jīng shì ào dà lì yà dì qū zuì qiáng de
骼轻盈，行动敏捷，曾经是澳大利亚地区最强的

liè shí zhě
猎食者。

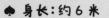恐龙档案

- ♠ 身长:约6米
- ♥ 体重:不详
- ♣ 生存时期:白垩纪
- ◆ 化石发现地:澳大利亚

锋利的牙齿是南方猎龙重要的捕食工具,此外,它们的前肢上有两个大而弯曲的利爪,能给猎物造成致命的伤害。

碰到难对付的猎物时,南方猎龙会持续攻击猎物的致命部位,直到猎物被制伏。

五彩冠龙

五彩冠龙是一种早期暴龙类恐龙，头顶长有奇特的头冠，又因化石发现于中国新疆准噶尔盆地五彩湾而得名五彩冠龙。

五彩冠龙行动敏捷，速度是它们最大的捕食优势。

五彩冠龙的前肢很长，前肢上长有三指，指上长有锋利的爪。

彩龙档案

♠ 身长：约3米

♥ 体重：不详

♣ 生存时期：侏罗纪

◆ 化石发现地：中国

小盗龙

xiǎo dào lóng shì zuì zǎo bèi fā xiàn de yǒu chì bǎng hé yǔ máo de kǒng
小盗龙是最早被发现的有翅膀和羽毛的恐

lóng zhī yī xiǎo dào lóng zhǎng zhe dāo piàn zhuàng de yá chǐ kě yòng yú sī
龙之一。小盗龙长着刀片状的牙齿，可用于撕

yǎo liè wù tā men de sì zhī shang zhǎng yǒu jiān lì de zhǎo kě yòng lái zhuā
咬猎物。它们的四肢上长有尖利的爪，可用来抓

qǔ liè wù xiǎo dào lóng wěi bù mò duān zhǎng yǒu jù dà de yǔ shàn kě yǐ
取猎物。小盗龙尾部末端长有巨大的羽扇，可以

kòng zhì fēi xíng
控制飞行。

♠ 身长：60 厘米～80 厘米

♥ 体重：约 500 克

♣ 生存时期：白垩纪

◆ 化石发现地：中国

14

蝎猎龙

蝎猎龙是一种体形中等的肉食性恐龙，因化石发现地点生存着许多蝎子而被古生物学家命名为蝎猎龙。

蝎猎龙可能主要捕食小型动物。

xiē liè lóng tóu bù jiào xiǎo　　zuǐ zhōng zhǎng mǎn le　xì xiǎo ér fēng lì

蝎猎龙头部较小，嘴中 长 满了细小而锋利

de yá chǐ　　xiē liè lóng qián zhī xì xiǎo　　qián zhī shang zhǎng yǒu fēng

的牙齿。蝎猎龙前肢细小，前肢上 长 有锋

lì de zhǐ zhǎo　　tā men hòu zhī xì cháng　　xíng dòng

利的指爪。它们后肢细长，行动

mǐn jié

敏捷。

恐龙档案

♠ 身长：约7米

♥ 体重：约1.8吨

♣ 生存时期：白垩纪

◆ 化石发现地：阿根廷

新猎龙

新猎龙是非常强大的猎食者，它们身体强壮，而且牙齿尖细、排列紧密，能够轻易撕开猎物的皮肉。

新猎龙身体修长，骨骼轻巧，它们也因此变得灵活敏捷。

bǔ shí guò chéng zhōng xīn liè lóng bìng bù wán quán yī kào lì liàng zhì fú l
捕食过程 中，新猎龙并不完全依靠力量制伏猎

wù tā men duō shì zài zhuī jī de guò chéng zhōng tōng guò bú duàn fā dòng gōng
物，它们多是在追击的过程 中通过不断发动攻击

chéng gōng bǔ huò liè wù de
成 功捕获猎物的。

◆ 身长:6米～10米

♥ 体重:1.5吨～4吨

♣ 生存时期:白垩纪

◆ 化石发现地:英国

恐龙档案

迅猛龙

xùn měng lóng yòu míng líng dào lóng　shì yì zhǒng shí fēn cōng míng de kǒng
迅 猛 龙 又 名 伶 盗 龙，是 一 种 十 分 聪 明 的 恐

lóng　xùn měng lóng shēn tǐ líng huó　shàn yú bēn pǎo hé tiào yuè　tā men kě yǐ
龙。迅 猛 龙 身 体 灵 活，善 于 奔 跑 和 跳 跃，它 们 可 以

yī kào sù dù yōu shì bǔ shí xiǎo xíng liè wù　yě kě yǐ yī kào qún tǐ lì liàng
依 靠 速 度 优 势 捕 食 小 型 猎 物，也 可 以 依 靠 群 体 力 量

bǔ shí dà xíng liè wù
捕 食 大 型 猎 物。

恐龙档案

- ♠ 身长：约 2 米
- ♥ 体重：约 150 千克
- ♣ 生存时期：白垩纪
- ◆ 化石发现地：中国、蒙古国

bǔ liè shí　xùn měng lóng huì yòng hòu zhī shang lián dāo zhuàng de zhǐ zhǎo
捕猎时，迅猛龙会用后肢上镰刀状的趾爪

cì chuān liè wù de zhòng yào qì guān lái shā sǐ liè wù
刺穿猎物的重要器官来杀死猎物。

21

耀龙

耀龙是一种小型恐龙，它们最突出的外形特征就是尾巴上长有四根长羽毛。

耀龙以蜘蛛等小型动物为食，捕食时，它们会先悄悄接近猎物，然后迅速出击捕获猎物。

- ♠ 身长：约45厘米
- ♥ 体重：约160克
- ♣ 生存时期：侏罗纪
- ◆ 化石发现地：中国

yào lóng tǐ biǎo fù gài zhe yì céng yǔ
耀龙体表覆盖着一层羽

máo yǒu tiáo jié tǐ wēn de zuò yòng
毛，有调节体温的作用。

23

图书在版编目(CIP)数据

恐龙大百科. 肉食恐龙大集合 / 崔钟雷主编. —— 哈尔滨：黑龙江美术出版社，2021.7
ISBN 978-7-5593-7694-7

Ⅰ．①恐… Ⅱ．①崔… Ⅲ．①恐龙 – 少儿读物 Ⅳ.
①Q915.864-49

中国版本图书馆 CIP 数据核字 (2021) 第 141650 号

书　　名 / **恐龙大百科　肉食恐龙大集合**
KONGLONG DA BAIKE ROUSHI KONGLONG DA JIHE

出 品 人 / 于　丹
主　　编 / 崔钟雷
策　　划 / 钟　雷
副 主 编 / 姜丽婷　贾海娇
责任编辑 / 郭志芹
责任校对 / 张一墨
装帧设计 / 稻草人工作室
出版发行 / 黑龙江美术出版社
地　　址 / 哈尔滨市道里区安定街 225 号
邮政编码 / 150016
发行电话 / (0451)55174988
经　　销 / 全国新华书店
印　　刷 / 日照教科印刷有限公司
开　　本 / 720mm×894mm　1/32
印　　张 / 9
字　　数 / 70 千字
版　　次 / 2021 年 7 月第 1 版
印　　次 / 2021 年 7 月第 1 次印刷
书　　号 / ISBN 978-7-5593-7694-7
定　　价 / 180.00 元(全十二册)

本书如发现印装质量问题，请直接与印刷厂联系调换。

恐龙大百科

植食恐龙大探秘

崔钟雷　主编

黑龙江美术出版社

奥古斯丁龙

ào gǔ sī dīng lóng zhǎng yǒu xiǎo nǎo dai cháng bó zi   jù dà de shēn
奥古斯丁龙长有小脑袋、长脖子、巨大的身

tǐ hé cháng wěi ba   tā men bèi bù yǒu yì lián
体和长尾巴。它们背部有一连

chuàn kuān jiān cì hé kuān gǔ bǎn   zhè shì tā men
串宽尖刺和宽骨板，这是它们

dǐ yù liè shí zhě de wǔ qì
抵御猎食者的武器。

♠ 身长：约15米

♥ 体重：不详

♣ 生存时期：白垩纪

◆ 化石发现地：阿根廷

2

奥古斯丁龙的四肢都十分粗壮，它们以四足着地的方式行走。

奥古斯丁龙通常是群居生活的，这样可以有效抵御猎食者的袭击。

板龙

bǎn lóng shì dì qiú shang dì yī zhǒng yǐ zhí wù wéi shí de jù xíng kǒng
板龙是地球上第一种以植物为食的巨型恐

lóng bǎn lóng néng yòng hòu zhī zhàn lì cǎi shí gāo chù de yè zi bǎn lóng yǎn
龙。板龙能用后肢站立,采食高处的叶子。板龙眼

jing cháo xiàng liǎng cè shì yě guǎng kuò kě yǐ suí shí jǐng jiè zhōu wéi liè shí
睛朝向两侧,视野广阔,可以随时警戒周围猎食

zhě de xí jī
者的袭击。

恐龙档案

♠ 身长:6米~10米
♥ 体重:约5吨
♣ 生存时期:三叠纪
◆ 化石发现地:欧洲

yǔ liè shí zhě xiāng bǐ　bǎn lóng yǒu tǐ xíng yōu shì　ér qiě bǎn lóng tōng
与猎食者相比，板龙有体形优势，而且板龙通
cháng jù jí zài yì qǐ huó dòng　dǐ yù liè shí zhě de néng lì hěn qiáng
常聚集在一起活动，抵御猎食者的能力很强。

5

厚鼻龙

厚鼻龙鼻子上长有巨大的隆起，隆起非常坚硬，成年厚鼻龙可能会用这个隆起互相推撞，以争夺领地和配偶。成年厚鼻龙可能会用鼻部坚硬的隆起顶撞猎食者。

恐龙档案

♠ 身长:5.5米~8米

♥ 体重:4吨~5吨

♣ 生存时期:白垩纪

◆ 化石发现地:美国、加拿大

绘龙

huì lóng shì yì zhǒng qīng xíng zhuāng jiǎ kǒng lóng   zhǎng yǒu yì tiáo cháng
绘龙是一种轻型装甲恐龙，长有一条长

cháng de wěi ba   qí wěi bù mò duān zhǎng yǒu jiān yìng de gǔ chuí   zhè shì tā
长的尾巴，其尾部末端长有坚硬的骨锤，这是它

men dǐ yù liè shí zhě de wǔ qì
们抵御猎食者的武器。

huì lóng de shēn shang zhǎng mǎn le gǔ zhì yìng jiǎ　fáng hù néng lì hěn
绘龙的身上长满了骨质硬甲，防护能力很

qiáng　tā men hái huì yī kào tuán tǐ de lì liàng lái zhàn shèng qiáng dà de liè
强。它们还会依靠团体的力量来战胜强大的猎

shí zhě
食者。

yōng yǒu rú cǐ duō de zì wèi fāng shì　huì lóng jué duì kě yǐ chēng de
拥有如此多的自卫方式，绘龙绝对可以称得

shàng shì zì wèi néng shǒu　huì lóng shēn shang de gǔ jiǎ yòu yìng yòu nán yǐ xiāo
上是自卫能手。绘龙身上的骨甲又硬又难以消

huà　suǒ yǐ　liè shí zhě shì bú huì qīng yì liè shí huì lóng de
化，所以，猎食者是不会轻易猎食绘龙的。

绘龙档案

♠ 身长：5米～5.5米

♥ 体重：约1吨

♣ 生存时期：白垩纪

◆ 化石发现地：中国、蒙古国

⑨

棘刺龙

棘刺龙的尾巴能够灵活地挥动，而且尾端有
锋利的骨质棘刺，尾巴因此成了它们抵御猎食者
强有力的武器。

jí cì lóng de bí kǒng jiào dà　wèi zhì jiào gāo
棘刺龙的鼻孔较大、位置较高，

néng gòu hěn hǎo de fēn biàn shí wù huò dí rén de qì wèi
能够很好地分辨食物或敌人的气味，

zhè zài hěn dà chéng dù shang tí gāo le tā men de shēng
这在很大程度上提高了它们的生

cún néng lì
存能力。

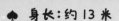

恐龙档案

♠ 身长：约13米

♥ 体重：不详

♣ 生存时期：侏罗纪

◆ 化石发现地：尼日尔

戟龙

<ruby>戟<rt>jǐ</rt></ruby><ruby>龙<rt>lóng</rt></ruby><ruby>的<rt>de</rt></ruby><ruby>头<rt>tóu</rt></ruby><ruby>部<rt>bù</rt></ruby><ruby>长<rt>zhǎng</rt></ruby><ruby>有<rt>yǒu</rt></ruby><ruby>巨<rt>jù</rt></ruby><ruby>大<rt>dà</rt></ruby><ruby>的<rt>de</rt></ruby><ruby>头<rt>tóu</rt></ruby><ruby>盾<rt>dùn</rt></ruby>，<ruby>头<rt>tóu</rt></ruby><ruby>盾<rt>dùn</rt></ruby><ruby>上<rt>shang</rt></ruby><ruby>长<rt>zhǎng</rt></ruby><ruby>有<rt>yǒu</rt></ruby><ruby>4~6<rt>zhī</rt></ruby><ruby>只<rt>cháng</rt></ruby><ruby>长<rt>jiǎo</rt></ruby><ruby>角<rt></rt></ruby>，<ruby>两<rt>liǎng</rt></ruby><ruby>颊<rt>jiá</rt></ruby><ruby>各<rt>gè</rt></ruby><ruby>有<rt>yǒu</rt></ruby><ruby>一<rt>yì</rt></ruby><ruby>只<rt>zhī</rt></ruby><ruby>较<rt>jiào</rt></ruby><ruby>小<rt>xiǎo</rt></ruby><ruby>的<rt>de</rt></ruby><ruby>角<rt>jiǎo</rt></ruby>，<ruby>鼻<rt>bí</rt></ruby><ruby>部<rt>bù</rt></ruby><ruby>还<rt>hái</rt></ruby><ruby>长<rt>zhǎng</rt></ruby><ruby>有<rt>yǒu</rt></ruby><ruby>一<rt>yì</rt></ruby><ruby>只<rt>zhī</rt></ruby><ruby>直<rt>zhí</rt></ruby><ruby>立<rt>lì</rt></ruby><ruby>的<rt>de</rt></ruby><ruby>尖<rt>jiān</rt></ruby><ruby>角<rt>jiǎo</rt></ruby>。<ruby>戟<rt>jǐ</rt></ruby><ruby>龙<rt>lóng</rt></ruby><ruby>的<rt>de</rt></ruby><ruby>角<rt>jiǎo</rt></ruby><ruby>非<rt>fēi</rt></ruby><ruby>常<rt>cháng</rt></ruby><ruby>尖<rt>jiān</rt></ruby><ruby>利<rt>lì</rt></ruby>，<ruby>攻<rt>gōng</rt></ruby><ruby>击<rt>jǐ</rt></ruby><ruby>力<rt>lì</rt></ruby><ruby>十<rt>shí</rt></ruby><ruby>足<rt>zú</rt></ruby>。

戟龙档案

♠ 身长：约 5.5 米

♥ 体重：2.7 吨～3 吨

♣ 生存时期：白垩纪

♦ 化石发现地：美国、加拿大

12

chú le yòng lái dǐ yù dà xíng ròu shí xìng kǒng lóng de xí jī wài jǐ
除了用来抵御大型肉食性恐龙的袭击外，戟
lóng de tóu dùn hé jiǎo hěn kě néng shì yì zhǒng shì jué zhǎn shì wù yòng lái qū
龙的头盾和角很可能是一种视觉展示物，用来区
fēn bù tóng zhǒng lèi hé xī yǐn yì xìng
分不同种类和吸引异性。

13

加斯顿龙

加斯顿龙从头到尾都覆盖着刀片一样的巨大棘刺，肩膀上还有巨大的尖刺。加斯顿龙的头部呈圆盔状，并且十分厚，具有很强的防御能力。

jiā sī dùn lóng de wěi ba cū zhuàng yǒu lì　ér qiě zhěng tiáo wěi ba
加斯顿龙的尾巴粗 壮 有力，而且整条尾巴

shang dōu zhǎng yǒu cháng jí cì　zāo dào gōng jǐ shí　jiā sī dùn lóng huì yòng
上都长有长棘刺。遭到攻击时，加斯顿龙会用

lì huī dòng wěi ba　fǎn jī dí rén
力挥动尾巴，反击敌人。

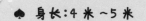

♠ 身长：4 米～5 米

♥ 体重：约 1 吨

♣ 生存时期：白垩纪

◆ 化石发现地：美国

剑角龙

jiàn jiǎo lóng shì yì zhǒng zhǒng tóu lóng lèi kǒng lóng　　tā men tóu shang yǒu
剑角龙是一种 肿头龙类恐龙，它们头上有

gǔ zhì yuán dǐng　 yuán dǐng zhōu wéi hái zhǎng yǒu yì quān xiǎo gǔ cì
骨质圆顶，圆顶周围还长有一圈小骨刺。

jiàn jiǎo lóng de tóu gǔ chéng bàn yuán xíng　 yòu hòu yòu yìng　 néng gòu gài
剑角龙的头骨呈半圆形，又厚又硬，能够盖

zhù nǎo bù　 yǎn jing hé hòu jǐng
住脑部、眼睛和后颈

děng zhòng yào bù wèi
等重要部位。

恐龙档案

♠ **身长**：约2.5米

♥ **体重**：约53千克

♣ **生存时期**：白垩纪

◆ **化石发现地**：北美洲

16

jiàn jiǎo lóng jiān yìng de tóu
剑角龙坚硬的头
bù shì tā men dǐ yù dí rén zuì
部是它们抵御敌人最
yǒu lì de wǔ qì　rú guǒ shòu
有力的武器。如果受
dào jiàn jiǎo lóng tóu bù de měng
到剑角龙头部的猛

liè zhuàng jī　nà me duì fāng jiāng huì
烈撞击，那么对方将会
shòu dào hěn dà de shāng hài
受到很大的伤害。

科阿韦拉角龙

kē ā wéi lā jiǎo lóng tǐ xíng shí fēn zhuàng
科阿韦拉角龙体形十分壮

shuò sì zhī cū zhuàng
硕，四肢粗壮。

kē ā wéi lā jiǎo lóng é tóu shang zhǎng yǒu liǎng zhī wān qū de jiǎo bí
科阿韦拉角龙额头上长有两只弯曲的角，鼻

zi dǐng duān hái zhǎng yǒu yì zhī bí jiǎo zài miàn duì liè shí zhě de gōng jī
子顶端还长有一只鼻角。在面对猎食者的攻击

shí kē ā wéi lā jiǎo lóng yǒu shí huì cǎi qǔ qún tǐ dǐ yù de fāng shì gǎn zǒu
时，科阿韦拉角龙有时会采取群体抵御的方式赶走

liè shí zhě yǒu shí yě huì huī dòng é jiǎo yǔ liè shí zhě bó dòu
猎食者，有时也会挥动额角与猎食者搏斗。

kē ā wéi lā jiǎo lóng sì zhī jiào duǎn shēn tǐ wèi zhì hěn dī fāng biàn
科阿韦拉角龙四肢较短，身体位置很低，方便

cǎi shí dī ǎi de jué lèi zhí wù yě yǒu lì yú fā huī é jiǎo de gōng jī lì
采食低矮的蕨类植物，也有利于发挥额角的攻击力。

18

♠ 身长：约5米

♥ 体重：不详

♣ 生存时期：白垩纪

◆ 化石发现地：墨西哥

19

米拉加亚龙

mǐ lā jiā yà lóng shì yì zhǒng jiàn lóng lèi kǒng lóng yǔ yì bān de jiàn
米拉加亚龙是一种剑龙类恐龙，与一般的剑

lóng lèi kǒng lóng tǐ xíng dī ǎi bó zi duǎn xiǎo de xíng tài bù tóng mǐ lā
龙类恐龙体形低矮、脖子短小的形态不同，米拉

jiā yà lóng shēn tǐ jiào gāo bó zi hé sì zhī dōu hěn cháng
加亚龙身体较高，脖子和四肢都很长 。

mǐ lā jiā yà lóng bèi bù de gǔ bǎn chéng sān jiǎo xíng wěi bù zhǎng yǒu
米拉加亚龙背部的骨板呈三角形，尾部长有

sì gēn cháng ér jiān lì de gǔ cì néng gòu qǐ dào dǐ yù liè shí zhě hé tiáo
四根长而尖利的骨刺，能够起到抵御猎食者和调

jié tǐ wēn de zuò yòng
节体温的作用。

mǐ lā jiā yà lóng
米拉加亚龙

sì zhī cháng dù jiē jìn
四肢长度接近，

tā men yǐ sì zú zháo dì
它们以四足着地

de fāng shì xíng zǒu
的方式行走。

♠ 身长：不详_____
♥ 体重：不详_____
♣ 生存时期：侏罗纪
◆ 化石发现地：葡萄牙

亚伯达角龙

yà bó dá jiǎo lóng tóu dùn de shàng yán yǒu liǎng zhī xiàng wài cè wān qū
亚伯达角龙头盾的 上沿有两只向外侧弯曲

de dà xíng gōu jiǎo　　lìng wài　　yà bó dá jiǎo lóng de tóu dùn biān yuán hái zhǎng
的大型钩角。另外,亚伯达角龙的头盾边缘还长

yǒu yì quān jiān ruì de gǔ zhì tū qǐ
有一圈尖锐的骨质突起。

yà bó dá jiǎo lóng tóu dùn shang de dà xíng gōu jiǎo wān qū ér fēng lì
亚伯达角龙头盾上的大型钩角弯曲而锋利,

shì tā men yòng lái dǐ yù liè shí zhě de yǒu xiào wǔ qì zhī yī
是它们用来抵御猎食者的有效武器之一。

yà bó dá jiǎo lóng xǐ huan qún jū　ér qiě zài wài chū mì shí de shí

亚伯达角龙喜欢群居，而且在外出觅食的时

hou　qiáng zhuàng de chéng nián yà bó dá jiǎo lóng huì bǎ　tǐ xíng jiào xiǎo de yòu

候，强壮的成年亚伯达角龙会把体形较小的幼

nián gè tǐ wéi zài zhōng jiān　fáng zhǐ liè shí zhě fā dòng tū rán xí jī

年个体围在中间，防止猎食者发动突然袭击。

恐龙档案

♠ 身长：约 6 米

♥ 体重：不详

♣ 生存时期：白垩纪

◆ 化石发现地：美国、加拿大

23

图书在版编目(CIP)数据

恐龙大百科. 植食恐龙大探秘 / 崔钟雷主编. -- 哈尔
滨：黑龙江美术出版社，2021.7
ISBN 978-7-5593-7694-7

Ⅰ. ①恐… Ⅱ. ①崔… Ⅲ. ①恐龙 – 少儿读物 Ⅳ.
①Q915.864–49

中国版本图书馆 CIP 数据核字 (2021) 第 141649 号

书　　名 / **恐龙大百科　植食恐龙大探秘**
　　　　　KONGLONG DA BAIKE ZHISHI KONGLONG DA TANMI

出 品 人 / 于　丹
主　　编 / 崔钟雷
策　　划 / 钟　雷
副 主 编 / 姜丽婷　贾海娇
责任编辑 / 郭志芹
责任校对 / 张一墨
装帧设计 / 稻草人工作室
出版发行 / 黑龙江美术出版社
地　　址 / 哈尔滨市道里区安定街 225 号
邮政编码 / 150016
发行电话 / (0451)55174988
经　　销 / 全国新华书店
印　　刷 / 日照教科印刷有限公司
开　　本 / 720mm × 894mm　1/32
印　　张 / 9
字　　数 / 70 千字
版　　次 / 2021 年 7 月第 1 版
印　　次 / 2021 年 7 月第 1 次印刷
书　　号 / ISBN 978-7-5593-7694-7
定　　价 / 180.00 元(全十二册)

本书如发现印装质量问题，请直接与印刷厂联系调换。

恐龙大百科

敏捷恐龙大探索

崔钟雷　主编

黑龙江美术出版社

腔骨龙

腔骨龙是一种小型肉食性恐龙，是恐龙家族的早期成员之一。

腔骨龙群体是聪明的恐龙军团，它们经常凭借数量优势来制伏大型猎物。

qiāng gǔ lóng yǒu yì shuāng dà dà de yǎn jing hěn róng yì fā xiàn fù
腔骨龙有一双大大的眼睛,很容易发现附

jìn de liè wù yí dàn fā xiàn liè wù qiāng gǔ lóng jiù huì
近的猎物。一旦发现猎物,腔骨龙就会

xùn sù bēn xiàng liè wù
迅速奔向猎物。

恐龙档案

♠ 身长:2米~3米
♥ 体重:约46千克
♣ 生存时期:三叠纪
◆ 化石发现地:美国

3

犹他盗龙

犹他盗龙的大脑膨胀程度较大，这种恐龙的智力可能高于多数恐龙。

犹他盗龙后足内侧的第二趾上长有镰刀状的趾爪，能给猎物造成致命伤害。

恐龙档案

- ♠ 身长：6.5 米～7 米
- ♥ 体重：500 千克～700 千克
- ♣ 生存时期：白垩纪
- ◆ 化石发现地：美国

犹他盗龙集群生活，成群的犹他盗龙会在广阔的平原上活动，一起猎食体形较大的植食性恐龙。

5

恶灵龙

è líng lóng shì yì zhǒng xiǎo xíng ròu shí xìng kǒng lóng hòu
恶灵龙是一种小型肉食性恐龙，后

zú nèi cè dì èr zhǐ shang zhǎng yǒu lián dāo zhuàng de zhuǎ zi
足内侧第二趾上长有镰刀状的爪子，

zhè shì è líng lóng de bǔ shí lì qì
这是恶灵龙的捕食利器。

wèi le tí gāo bǔ shí
为了提高捕食

chéng gōng lǜ è líng lóng
成功率，恶灵龙

yǒu shí huì jí qún bǔ shí
有时会集群捕食。

♠ 身长：约2米

♥ 体重：不详

♣ 生存时期：白垩纪

◆ 化石发现地：蒙古国

è líng lóng tóu bù xiá cháng zuǐ zhōng zhǎng mǎn fēng lì de yá chǐ
恶灵龙头部狭长，嘴中长满锋利的牙齿。

è líng lóng shēn tǐ xiān xì sì zhī xiū cháng kě kuài sù bēn pǎo
恶灵龙身体纤细，四肢修长，可快速奔跑。

7

副细颚龙

fù xì è lóng shì yì zhǒng xíng dòng mǐn jié de xiǎo xíng kǒng lóng
副细颚龙是一种行动敏捷的小型恐龙,
tā men shēng huó zài gān zào de nèi lù   zhǔ yào yǐ kūn chóng   xī yì děng
它们生活在干燥的内陆,主要以昆虫、蜥蜴等
xiǎo xíng dòng wù wéi shí   tā men yě huì jí qún bǔ shí dà xíng liè wù
小型动物为食,它们也会集群捕食大型猎物。

fù xì è lóng tóu bù xì cháng kǒu bí bù yě jiào cháng kǒu
副细颚龙头部细长，口鼻部也较长，口
zhōng zhǎng yǒu jiān xì de yá chǐ fù xì è lóng xíng dòng mǐn jié tā
中长有尖细的牙齿。副细颚龙行动敏捷，它
men néng gòu zhuī shàng dà duō shù liè wù
们能够追上大多数猎物。

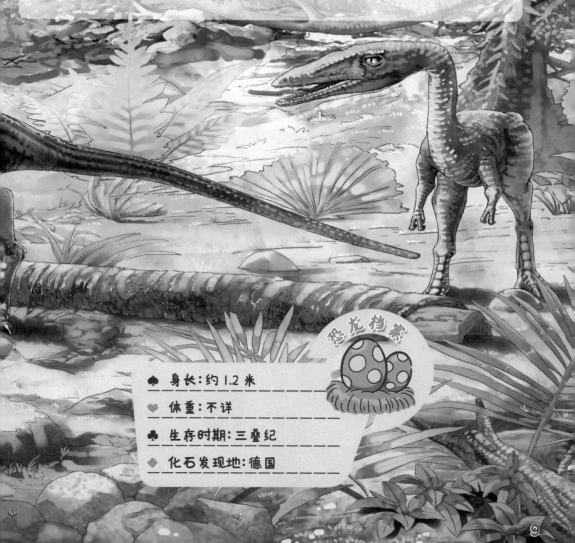

恐龙档案

♠ 身长：约 1.2 米

♥ 体重：不详

♣ 生存时期：三叠纪

◆ 化石发现地：德国

⑨

合踝龙

hé huái lóng shì yì zhǒng xiǎo xíng kǒng lóng zhǔ yào yǐ kūn chóng xī
合踝龙是一种小型恐龙，主要以昆虫、蜥

yì xiǎo xíng bǔ rǔ dòng wù děng wéi shí cǐ wài hé huái lóng kě néng hái huì
蜴、小型哺乳动物等为食。此外，合踝龙可能还会

yǐ qún tǐ shòu liè de fāng shì bǔ shí tǐ xíng jiào dà de liè wù
以群体狩猎的方式捕食体形较大的猎物。

hé huái lóng tǐ xíng xiān xì   gǔ gé qīng yíng   kě yǐ kuài sù bēn pǎo zhuī

合踝龙体形纤细，骨骼轻盈，可以快速奔跑追

gǎn liè wù

赶猎物。

hé huái lóng de qián zhī shang zhǎng yǒu fēng lì de zhǐ zhǎo   tā men kě

合踝龙的前肢上 长有锋利的指爪，它们可

yǐ yòng zhǐ zhǎo gōng jī liè wù de yào hài bù wèi   cóng ér shā sǐ liè wù

以用指爪攻击猎物的要害部位，从而杀死猎物。

恐龙档案

♠身长：2米～3米

♥体重：约32千克

♣生存时期：侏罗纪

◆化石发现地：美国、南非、津巴布韦

恐爪龙

恐爪龙是一种性情凶猛残暴的肉食性恐龙，它们后足内侧的第二趾像镰刀一样长而弯曲，被称为"恐怖的爪子"。

恐爪龙的爪十分锋利，攻击力十足。

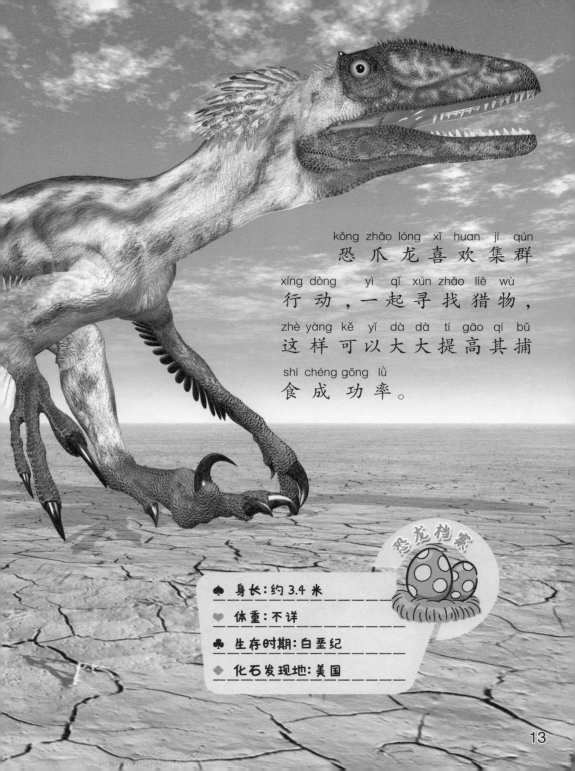

kǒng zhǎo lóng xǐ huan jí qún
恐爪龙喜欢集群
xíng dòng   yì qǐ xún zhǎo liè wù
行动，一起寻找猎物，
zhè yàng kě yǐ dà dà tí gāo qí bǔ
这样可以大大提高其捕
shí chéng gōng lǜ
食成功率。

♠ 身长：约 3.4 米

♥ 体重：不详

♣ 生存时期：白垩纪

◆ 化石发现地：美国

美颌龙

měi hé lóng shì pǎo de zuì kuài de kǒng lóng　tā men de gǔ gé xì ér
美颌龙是跑得最快的恐龙，它们的骨骼细而

qīng　hòu zhī jǐ ròu fā dá　zhè xiē dōu shì tā men bēn pǎo de yǒu lì shēn tǐ
轻，后肢肌肉发达，这些都是它们奔跑的有利身体

tiáo jiàn
条件。

- ♠ 身长：1米~1.2米
- ♥ 体重：0.83千克~3.5千克
- ♣ 生存时期：侏罗纪
- ◆ 化石发现地：德国、法国

14

měi hé lóng shēng huó zài hǎi àn fù jìn　céng shì yuǎn gǔ ōu zhōu dì qū
美颔龙 生活在海岸附近，曾是远古欧洲地区

de dǐng jí liè shí zhě
的顶级猎食者。

chū sè de bēn pǎo néng lì
出色的奔跑能力

hé gāo chāo de mǐn jié xìng ràng měi
和高超的敏捷性让美

hé lóng chéng wéi le kǒng lóng shì
颔龙成为了恐龙世

jiè zhōng míng fù qí shí de mǐn jié
界中名副其实的敏捷

liè shǒu
猎手。

派克鳄

派克鳄是一种早期的槽齿类爬行动物，在槽齿类家族中，派克鳄体形较小，行动较灵活。

恐龙档案

- ♠ 身长：约60厘米
- ♥ 体重：约18千克
- ♣ 生存时期：三叠纪
- ◆ 化石发现地：南非

派克鳄头部很小，身体修长，前肢上长有锐利的指爪。派克鳄的尾巴很长，跑动时，尾巴会向后伸直，保持身体平衡。

派克鳄的牙齿呈针状，它们可以凭借这样的牙齿捕食昆虫等小型动物。

派克鳄的背部和尾巴上被鳞片覆盖，这种结构可以帮助派克鳄抵御大型猎食者的攻击。

桑塔纳盗龙

sāng tǎ nà dào lóng shì yì
桑塔纳盗龙是一

zhǒng xiǎo xíng shòu jiǎo lèi kǒng lóng
种 小型兽脚类恐龙，

xué míng yì wéi sāng tǎ nà zǔ de
学名意为"桑塔纳组的

dào zéi
盗贼"。

恐龙档案

♠ 身长：1.25米～2.5米

♥ 体重：约50千克

♣ 生存时期：白垩纪

◆ 化石发现地：巴西

sāng tǎ nà dào lóng shēn tǐ xiū
桑 塔 纳 盗 龙 身 体 修
cháng hòu zhī qiáng zhuàng bēn pǎo sù
长 ，后 肢 强 壮 ，奔 跑 速
dù hěn kuài tā men de qián zhī shang
度 很 快 。它 们 的 前 肢 上
zhǎng yǒu lì zhǎo kě fǔ zhù jìn shí
长 有 利 爪 ，可 辅 助 进 食 。

19

似松鼠龙

似松鼠龙是近几年来发现的一种小型肉食性恐龙，全身覆盖羽毛。它们因尾巴与松鼠的尾巴类似而得名。

sì sōng shǔ lóng kě néng zhǔ yào yǐ
似松鼠龙可能主要以

xiǎo xíng dòng wù wéi shí　xì mì de yá
小型动物为食，细密的牙

chǐ shì tā men de　bǔ shí wǔ qì
齿是它们的"捕食武器"。

sì sōng shǔ lóng shēn tǐ líng huó
似松鼠龙身体灵活，

xíng dòng mǐn jié　zhè shì tā men de yí
行动敏捷，这是它们的一

dà shēng cún yōu shì
大生存优势。

恐龙档案

♠ **身长**：不详

♥ **体重**：不详

♣ **生存时期**：侏罗纪

◆ **化石发现地**：德国

21

伤齿龙

shāng chǐ lóng de dà nǎo tǐ jī zhàn shēn tǐ de bǐ lì zài suǒ
伤齿龙的大脑体积占身体的比例在所
yǒu yǐ zhī de kǒng lóng zhōng shì zuì dà de qiě gǎn jué qì guān shí
有已知的恐龙中是最大的，且感觉器官十
fēn fā dá yīn cǐ shāng chǐ lóng bèi rèn wéi shì yǐ zhī zuì cōng míng
分发达，因此，伤齿龙被认为是已知最聪明
de kǒng lóng
的恐龙。

shāng chǐ lóng shàn cháng bēn pǎo　　tā men huì tōu tōu jiē jìn liè
伤 齿 龙 擅 长 奔 跑，它 们 会 偷 偷 接 近 猎

wù　　yí dàn shí jī chéng shú　　biàn kuài sù fā dòng gōng jī
物，一 旦 时 机 成 熟，便 快 速 发 动 攻 击。

♠ 身长：约2米
♥ 体重：50千克～60千克
♣ 生存时期：白垩纪
◆ 化石发现地：美国、加拿大

恐龙档案

图书在版编目(CIP)数据

恐龙大百科. 敏捷恐龙大探索 / 崔钟雷主编.-- 哈尔滨：黑龙江美术出版社，2021.7
ISBN 978-7-5593-7694-7

Ⅰ. ①恐… Ⅱ. ①崔… Ⅲ. ①恐龙 – 少儿读物 Ⅳ.
①Q915.864-49

中国版本图书馆 CIP 数据核字(2021)第 142990 号

书 名 / 恐龙大百科 敏捷恐龙大探索
KONGLONG DA BAIKE MINJIE KONGLONG DA TANSUO

出 品 人 / 于 丹
主 编 / 崔钟雷
策 划 / 钟 雷
副 主 编 / 姜丽婷 贾海娇
责任编辑 / 郭志芹
责任校对 / 张一墨
装帧设计 / 稻草人工作室
出版发行 / 黑龙江美术出版社
地 址 / 哈尔滨市道里区安定街 225 号
邮政编码 / 150016
发行电话 / (0451)55174988
经 销 / 全国新华书店
印 刷 / 日照教科印刷有限公司
开 本 / 720mm×894mm 1/32
印 张 / 9
字 数 / 70 千字
版 次 / 2021 年 7 月第 1 版
印 次 / 2021 年 7 月第 1 次印刷
书 号 / ISBN 978-7-5593-7694-7
定 价 / 180.00 元(全十二册)

本书如发现印装质量问题，请直接与印刷厂联系调换。

恐龙大百科

奇特恐龙大发现

崔钟雷　主编

黑龙江美术出版社

高棘龙

gāo jí lóng shì mù qián gōng rèn de dàn zuì dà de kǒng lóng
高棘龙是目前公认的蛋最大的恐龙，
gāo jí lóng de dàn dà yuē cháng lí mǐ tǐ jī
高棘龙的蛋大约长30厘米，体积
kě dá lì fāng lí mǐ
可达3 300立方厘米，
dàn ké dà yuē hòu lí mǐ
蛋壳大约厚2厘米。

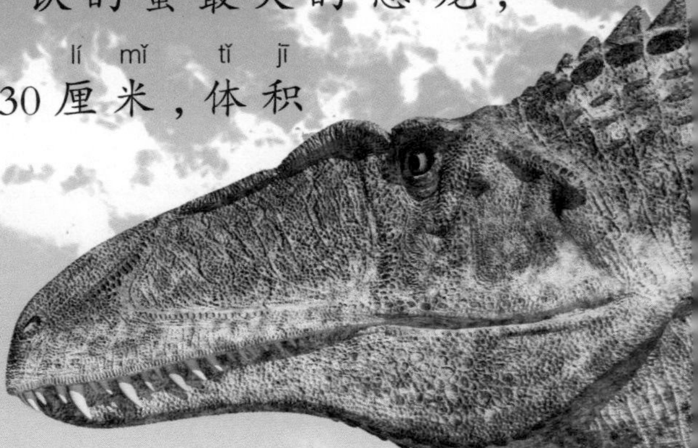

gāo jí lóng cóng jǐng bù jīng guò bèi
高棘龙从颈部经过背
bù yì zhí dào wěi bù dōu yǒu jiào cháng de
部一直到尾部都有较长的
jí tū zhè xiē jí tū gāo lí mǐ
棘突。这些棘突高20厘米~50

恐龙档案

- ♠ 身长：10米~12.9米
- ♥ 体重：5吨~7吨
- ♣ 生存时期：白垩纪
- ◆ 化石发现地：美国

厘米，能够支撑冠状肌肉。在高棘龙所处的生态环境中，它们算是一种大型恐龙，高棘龙以大型蜥脚类和兽脚类恐龙为食，称得上顶级猎食者。

肿头龙

zhǒng tóu lóng shì suǒ yǒu de kǒng lóng zhōng tóu gǔ zuì hòu de tā men
肿头龙是所有的恐龙中头骨最厚的，它们

de tóu gǔ dǐng bù hòu dù kě dá lí mǐ ér qiě míng xiǎn lóng qǐ zhè
的头骨顶部厚度可达25厘米，而且明显隆起，这

zhǒng kǒng lóng yīn wèi zhè yàng de tóu gǔ jié gòu ér dé míng
种恐龙因为这样的头骨结构而得名。

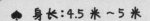

- ♠ 身长：4.5米～5米
- ♥ 体重：1.5吨～2吨
- ♣ 生存时期：白垩纪
- ◆ 化石发现地：美国

dāng yǒu liè shí zhě fā dòng gōng jī shí zhǒng tóu lóng
当有猎食者发动攻击时，肿头龙

kě néng huì dī tóu chōng xiàng liè shí zhě yí dàn liè shí zhě
可能会低头冲向猎食者，一旦猎食者

bèi zhǒng tóu lóng quán fù wǔ zhuāng de tóu bù zhuàng
被肿头龙"全副武装"的头部撞

dào liè shí zhě kě néng huì yán zhòng shòu shāng
到，猎食者可能会严重受伤。

肿头龙集群生活，成年雄性个体通过撞击头部的方式争夺领袖地位。肿头龙群体在觅食时会有个体"放哨"，发现危险时，"哨兵"会及时提醒同伴。

5

重爪龙

gǔ shēng wù xué jiā tōng guò duì kǒng lóng zú qún shí xìng de yán jiū fā
古生物学家通过对恐龙族群食性的研究发
xiàn   zhòng zhǎo lóng shì zuì xǐ huan chī yú de kǒng lóng
现，重爪龙是最喜欢吃鱼的恐龙。

zhòng zhǎo lóng huì zhàn zài shuǐ zhōng guān chá yú de dòng xiàng   yí dàn
重爪龙会站在水中观察鱼的动向，一旦
yǒu yú kào jìn tā men suǒ chǔ de wèi zhì   tā men jiù huì yòng jù dà de qián
有鱼靠近它们所处的位置，它们就会用巨大的前
zhǎo cì xiàng yú   bìng jiāng yú tuō chū shuǐ miàn
爪刺向鱼，并将鱼拖出水面。

恐龙档案

- ♠ 身长：8米～10米
- ♥ 体重：2吨～4吨
- ♣ 生存时期：白垩纪
- ♦ 化石发现地：英国、西班牙、尼日尔

zhòng zhǎo lóng de qián zhī qiáng zhuàng yòu líng huó   qián zhī shang zhǎng yǒu

重 爪 龙 的 前 肢 强 壮 又 灵 活，前 肢 上 长 有

sān gēn yǒu lì de zhǐ   zhòng zhǎo lóng qián zhī nèi cè dì yī zhǐ dà ér cū

三 根 有 力 的 指。重 爪 龙 前 肢 内 侧 第 一 指 大 而 粗

zhuàng   zhǐ shang zhǎng yǒu dà xíng zhǐ zhǎo   bǔ yú shí   qián zhī shang de zhǐ

壮，指 上 长 有 大 型 指 爪。捕 鱼 时，前 肢 上 的 指

zhǎo néng gòu gěi liè wù zào chéng zhì mìng shāng hài   tóng shí   qián zhī hái néng fǔ

爪 能 够 给 猎 物 造 成 致 命 伤 害，同 时，前 肢 还 能 辅

zhù jìn shí

助 进 食。

副栉龙

fù zhì lóng yǐ xiū cháng de tóu guān ér wén míng   chéng nián fù zhì lóng
副栉龙以修长的头冠而闻名。成年副栉龙
de tóu guān néng gòu dá dào liǎng mǐ cháng   tā men yīn cǐ chéng wéi le tóu guān
的头冠能够达到两米长，它们因此成为了头冠
zuì cháng de kǒng lóng
最长的恐龙。

fù zhì lóng de tóu
副栉龙的头
guān yǔ shàng hé gǔ   bí
冠与上颌骨、鼻
gǔ xiāng lián   cóng tóu bù
骨相连，从头部
yì zhí xiàng hòu yán shēn
一直向后延伸。

fù zhì lóng de tóu guān huì suí zhe nián líng de zēng zhǎng ér zhú jiàn biàn cháng
副栉龙的头冠会随着年龄的增长而逐渐变长。

fù zhì lóng jí qún shēng huó tā men jīng cháng
副栉龙集群生活，它们经常

chéng qún wài chū mì shí zài shí wù zī yuán bù zú shí
成群外出觅食，在食物资源不足时，

tā men yě huì gòng tóng qiān xǐ
它们也会共同迁徙。

fù zhì lóng yǐ zhí wù wéi shí jìn shí
副栉龙以植物为食，进食

shí fù zhì lóng huì xiān yòng huì zhuàng zuǐ jiāng
时，副栉龙会先用喙状嘴将

zhí wù gē duàn zài yòng liǎng jiá chù de yá
植物割断，再用两颊处的牙

chǐ jǔ jué zhí wù
齿咀嚼植物。

恐龙档案

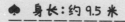

- ♠ 身长：约9.5米
- ♥ 体重：约2.5吨
- ♣ 生存时期：白垩纪
- ◆ 化石发现地：美国、加拿大

甲龙

jiǎ lóng shì yì zhǒng fēi cháng zhù míng de
甲龙是一种非常著名的
zhuāng jiǎ kǒng lóng　jiǎ lóng shēn tǐ jiāng yìng　yīn cǐ
装甲恐龙。甲龙身体僵硬，因此
yòu bèi chēng wéi　jiāng yìng de xī yì
又被称为"僵硬的蜥蜴"。

恐龙档案

♠ 身长：5米～8.5米

♥ 体重：2吨～6吨

♣ 生存时期：白垩纪

◆ 化石发现地：美国、加拿大

10

^{jiǎ lóng shēn pī kǎi jiǎ} ^{fáng hù néng lì hěn qiáng} ^{lìng wài} ^{jiǎ lóng shēn}
甲龙身披铠甲，防护能力很强，另外，甲龙身

^{tǐ bèn zhòng} ^{zhǐ néng yǐ sì zú zháo dì de fāng shì huǎn màn xíng zǒu} ^{zhè xiē}
体笨重，只能以四足着地的方式缓慢行走，这些

^{tè diǎn dōu yǔ tǎn kè hěn xiāng sì} ^{jiǎ lóng yīn cǐ dé míng} ^{tǎn kè lóng}
特点都与坦克很相似，甲龙因此得名"坦克龙"。

^{jiǎ lóng de wěi ba mò duān zhǎng yǒu cū zhuàng de wěi chuí} ^{jiǎ lóng néng}
甲龙的尾巴末端长有粗壮的尾锤，甲龙能

^{gòu huī dòng wěi ba jī dǎ liè shí zhě} ^{shèn zhì huì gěi liè shí zhě zào chéng zhì}
够挥动尾巴击打猎食者，甚至会给猎食者造成致

^{mìng de shāng hài}
命的伤害。

角鼻龙

恐龙档案

- ♠ 身长：4.5米~8米
- ♥ 体重：0.5吨~2吨
- ♣ 生存时期：侏罗纪
- ◆ 化石发现地：美国、葡萄牙

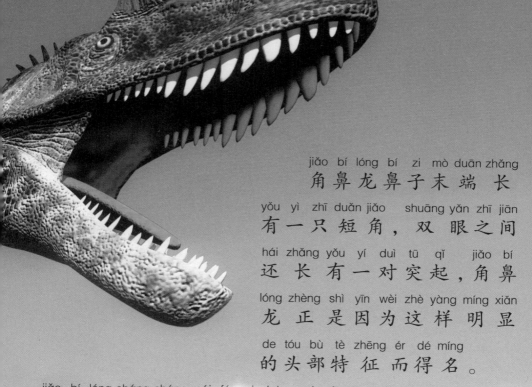

角鼻龙鼻子末端长
有一只短角，双眼之间
还长有一对突起，角鼻
龙正是因为这样明显
的头部特征而得名。

角鼻龙常常埋伏起来，伺机偷袭猎物。有时，
角鼻龙会来到水域周围，捕食饮水的恐龙。当食
物资源匮乏时，角鼻龙也可能会吃腐肉。

鱼猎龙

鱼猎龙是一种大型肉食性恐龙，它们最大的特点就是背部到臀部长有分成前后两部分的背棘，可调节体温。

yú liè lóng de qián bàn duàn bèi jí yóu bèi zhuī yán shēn ér chéng hòu bàn
鱼猎龙的前半段背棘由背椎延伸而成，后半

duàn bèi jí yóu jiàn zhuī yán shēn ér chéng
段背棘由荐椎延伸而成。

yú liè lóng dòng zuò fēi cháng mǐn jié yóu qí zài bǔ yú de shí hou yú
鱼猎龙动作非常敏捷，尤其在捕鱼的时候，鱼

liè lóng néng gòu kuài sù fǎn yìng jīng zhǔn gōng jī
猎龙能够快速反应，精准攻击。

恐龙档案

♠ 身长：约9米

♥ 体重：约3吨

♣ 生存时期：白垩纪

◆ 化石发现地：老挝

恶魔角龙

è mó jiǎo lóng zhǎng yǒu dà
恶魔角龙长有大
xíng tóu dùn hé cháng ér wān qū de
型头盾和长而弯曲的
jiǎo zhè yàng de wài xíng yǔ ōu měi
角，这样的外形与欧美
chuán shuō zhōng de è mó yǒu xiāng
传说中的恶魔有相
sì zhī chù zhè yě zhèng shì è
似之处，这也正是恶
mó jiǎo lóng de dé míng yuán yīn
魔角龙的得名原因。

16

è mó jiǎo lóng zì wèi néng lì jiào qiáng   tā men de jiǎo duì liè shí zhě
恶魔角龙自卫能力较强，它们的角对猎食者

yǒu hěn dà de wēi shè zuò yòng   zài zǔ chéng qún tǐ hòu   è mó jiǎo lóng dǐ yù
有很大的威慑作用。在组成群体后，恶魔角龙抵御

liè shí zhě de néng lì huì gèng qiáng
猎食者的能力会更强。

恐龙档案

♠ 身长：约5.5米

♥ 体重：不详

♣ 生存时期：白垩纪

◆ 化石发现地：美国

篮尾龙

篮尾龙是一种大小与成年河马接近的恐龙，它们身体背部长有坚硬的骨甲，腹部的皮肤坚硬而粗糙。篮尾龙身体强健，头部较小，四肢粗壮，尾巴很长，而且尾巴末端长有一个巨大的尾锤，就像尾巴上挂着一个"篮子"。

lán wěi lóng bèi bù de jiān
篮尾龙背部的坚
yìng gǔ jiǎ ràng hěn duō ròu shí xìng
硬骨甲让很多肉食性
kǒng lóng wú cóng xià kǒu yǒu
恐龙"无从下口",有

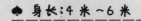

shí lán wěi lóng hái huì shuǎi dòng wěi ba mò duān de wěi chuí gōng jī liè shí
时,篮尾龙还会甩动尾巴末端的尾锤攻击猎食
zhě lán wěi lóng yǐ sì zú zháo dì de fāng shì xíng zǒu xíng zǒu guò chéng
者。篮尾龙以四足着地的方式行走,行走过程
zhōng tā men de cháng wěi ba píng jǔ zài kōng zhōng yǒu shí hái huì zuǒ yòu
中,它们的长尾巴平举在空中,有时还会左右
shuǎi dòng
甩动。

五角龙

wǔ jiǎo lóng de tóu shang zhǎng yǒu wǔ zhī jiǎo   měi gè jiǎo dōu shì cháo
五角龙的头上长有五只角，每个角都是朝
xiàng gè gè fāng xiàng de   miàn duì liè shí zhě shí   wǔ jiǎo lóng huì dī tóu yǔ
向各个方向的。面对猎食者时，五角龙会低头与
liè shí zhě bó dòu   tā men tóu shang de měi yì zhī jiǎo dōu yǒu kě néng chéng wéi
猎食者搏斗，它们头上的每一只角都有可能成为
cì zhòng liè shí zhě de wǔ qì
刺中猎食者的武器。

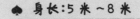

- ♠ 身长：5米～8米
- ♥ 体重：2.5吨～7.9吨
- ♣ 生存时期：白垩纪
- ◆ 化石发现地：美国

wǔ jiǎo lóng zhǎng yǒu shí fēn gāo dà de tóu dùn　dàn tóu dùn shì zhōng kōng
五角龙长有十分高大的头盾，但头盾是中空

de　fáng yù néng lì bù qiáng　kě néng zhǐ shì yòng lái wēi hè dí
的，防御能力不强，可能只是用来威吓敌

rén huò xī yǐn yì xìng de
人或吸引异性的。

有角鳄

yǒu jiǎo è de zhǎng xiàng shí fēn tè shū   tā men de quán shēn bèi jiān
有角鳄的长相十分特殊，它们的全身被坚

yìng de jiǎ piàn bāo guǒ zhe   jiān bǎng liǎng cè gè yǒu yì zhī yuē   lí mǐ cháng
硬的甲片包裹着，肩膀两侧各有一只约45厘米长

de jiān jiǎo   bèi bù cè miàn gè yǒu yì pái cháng cháng de jiān cì
的尖角，背部侧面各有一排长长的尖刺。

yǒu jiǎo è suī rán zhǎng
有角鳄虽然长

xiàng xiōng měng   dàn tā men shì
相凶猛，但它们是

zhí shí xìng dòng wù
植食性动物。

♠ 身长：约5米
♥ 体重：约300千克
♣ 生存时期：三叠纪
◆ 化石发现地：美国

22

yǒu jiǎo è suǒ chǔ de huán jìng shí fēn xiǎn è　　tā men suí shí yǒu bèi qí

有角鳄所处的环境十分险恶，它们随时有被其

tā dòng wù xí jī de wēi xiǎn　　yǒu jiǎo è de jiān cì hěn shǎo yòng yú zhǔ dòng

他动物袭击的危险。有角鳄的尖刺很少用于主动

gōng jī　　duō yòng yú dǐ yù dí rén hé bǎo hù zì jǐ

攻击，多用于抵御敌人和保护自己。

23

图书在版编目(CIP)数据

恐龙大百科. 奇特恐龙大发现 / 崔钟雷主编. -- 哈尔滨：黑龙江美术出版社，2021.7
ISBN 978-7-5593-7694-7

Ⅰ. ①恐… Ⅱ. ①崔… Ⅲ. ①恐龙 – 少儿读物 Ⅳ.①Q915.864-49

中国版本图书馆 CIP 数据核字（2021）第 142984 号

书　名 / 恐龙大百科　奇特恐龙大发现
　　　　KONGLONG DA BAIKE QITE KONGLONG DA FAXIAN

出 品 人 / 于　丹
主　　编 / 崔钟雷
策　　划 / 钟　雷
副 主 编 / 姜丽婷　贾海娇
责任编辑 / 郭志芹
责任校对 / 张一墨
装帧设计 / 稻草人工作室
出版发行 / 黑龙江美术出版社
地　　址 / 哈尔滨市道里区安定街 225 号
邮政编码 / 150016
发行电话 / (0451)55174988
经　　销 / 全国新华书店
印　　刷 / 日照教科印刷有限公司
开　　本 / 720mm×894mm　1/32
印　　张 / 9
字　　数 / 70 千字
版　　次 / 2021 年 7 月第 1 版
印　　次 / 2021 年 7 月第 1 次印刷
书　　号 / ISBN 978-7-5593-7694-7
定　　价 / 180.00 元(全十二册)

本书如发现印装质量问题，请直接与印刷厂联系调换。

恐龙大百科

恐龙之最大揭秘

崔钟雷　主编

黑龙江美术出版社

最早出现的恐龙

始盗龙是世界上最早出现的恐龙，这种恐龙的生存年代比已知所有恐龙的生存年代都早。

始盗龙的牙齿细小而尖锐，而且牙齿边缘有锯齿，这样的牙齿结构不适合捕食大型猎物，因此，小型动物可能是始盗龙的主要食物。

shǐ dào lóng sì zhī de gǔ gé báo qiě zhōng
始盗龙四肢的骨骼薄且中

kōng tǐ tài shí fēn qīng yíng zhè xiē tè diǎn yǒu
空，体态十分轻盈，这些特点有

lì yú tā men kuài sù bēn pǎo
利于它们快速奔跑。

♠ 身长：1米~1.5米

♥ 体重：约10千克

♣ 生存时期：三叠纪

◆ 化石发现地：阿根廷

③

最早被正式命名的恐龙

斑龙身体比较笨重，行动较迟缓，但斑龙身体强壮，体力和耐力较强，具有明显的捕猎优势，它们认准猎物后会一直与猎物搏斗，直到制伏猎物为止。

♠ 身长:9米~12米

♥ 体重:约1吨

♣ 生存时期:侏罗纪

◆ 化石发现地:英国、法国、葡萄牙

最高的恐龙

波塞东龙是公认的世界上最高的恐龙，它们是一种大型植食性恐龙，身高约17米，是恐龙中名副其实的高个子。

波塞东龙的身长与很多大型蜥脚类恐龙相比，并不是最长的，

dàn tā men de bó zi néng gòu bǐ dà duō shù kǒng lóng tái de gèng gāo suǒ yǐ
但它们的脖子能够比大多数恐龙抬得更高，所以

tā men de shēn gāo yě jiù xiǎn de gèng gāo
它们的身高也就显得更高。

néng gòu tái de gèng gāo de bó zi bù jǐn ràng bō sài dōng lóng chéng wéi
能够抬得更高的脖子不仅让波塞东龙成为

zuì gāo de kǒng lóng gèng zhòng yào de shì zhè yàng de bó zi gèng jiā líng
最高的恐龙，更重要的是，这样的脖子更加灵

huó néng gòu wèi bō sài
活，能够为波塞

dōng lóng de mì shí zēng jiā biàn lì
东龙的觅食增加便利。

♠ 身长：30 米~34 米

♥ 体重：50 吨~60 吨

♣ 生存时期：白垩纪

◆ 化石发现地：美国

最大的肉食性恐龙

jí lóng shì yǐ zhī zuì dà de ròu shí xìng kǒng lóng　qí shēn xíng bǐ bà

棘龙是已知最大的肉食性恐龙，其身形比霸

wáng lóng hé nán fāng jù shòu lóng hái dà hěn duō　jí lóng zhǔ yào shēng huó zài

王龙和南方巨兽龙还大很多。棘龙主要生活在

♠ 身长：12米～19米

♥ 体重：6吨～20吨

♣ 生存时期：白垩纪

◆ 化石发现地：非洲

8

yán rè de zhǎo zé dì qū huò hé liú　hú pō
炎热的沼泽地区或河流、湖泊
fù jìn　zhǔ yào yǐ yú lèi wéi shí　jí lóng yá
附近，主要以鱼类为食。棘龙牙
chǐ ruì lì　néng qīng yì yǎo zhù tǐ biǎo guāng
齿锐利，能轻易咬住体表光
huá de yú lèi
骨的鱼类。

jí lóng zhī suǒ yǐ yǒu kuí wu de
棘龙之所以有魁梧的
shēn cái　yí gè hěn zhǔ yào de yuán yīn
身材，一个很主要的原因
shì tā men bèi shang zhǎng yǒu jù dà
是它们背上长有巨大
de fān zhuàng wù　fān zhuàng wù kě néng
的帆状物。帆状物可能
yǒu tiáo jié tǐ wēn de zuò yòng
有调节体温的作用。

最小的恐龙

近鸟龙是目前已知的体形最小、体重最轻的恐龙。而且，近鸟龙是已知最早的长有羽毛的兽脚类恐龙。

♠ 身长:约 20 厘米

♥ 体重:约 110 克

♣ 生存时期:白垩纪

♦ 化石发现地:中国

脖子最长的恐龙

mǎ mén xī lóng shì dì qiú shang yǐ zhī bó zi zuì cháng de kǒng lóng
马门溪龙是地球上已知脖子最长的恐龙。

mǎ mén xī lóng bó zi cháng dù chāo guò
马门溪龙脖子长度超过10

mǐ jī hū zhàn le zhěng gè shēn
米,几乎占了整个身

cháng de yí bàn
长的一半。

♠ 身长:22米~30米

♥ 体重:20吨~55吨

♣ 生存时期:侏罗纪

◆ 化石发现地:中国

mǎ mén xī lóng kě néng yǒu qiān xǐ
马门溪龙可能有迁徙
de xí xìng tā men huì zài shí wù zī
的习性，它们会在食物资
yuán bù zú shí gòng tóng xún zhǎo xīn de qī
源不足时共同寻找新的栖
xī dì yǐ mǎn zú qún tǐ duì shí wù zī
息地，以满足群体对食物资
yuán de xū qiú
源的需求。

种类最多的恐龙

yīng wǔ lóng lèi shì yǐ zhī zhǒng lèi zuì duō de kǒng lóng mù qián yǐ jīng
鹦鹉龙类是已知种类最多的恐龙，目前已经

què dìng de yīng wǔ lóng lèi kǒng lóng zhì shǎo yǒu shí zhǒng zhè zài kǒng lóng jiā
确定的鹦鹉龙类恐龙至少有十种，这在恐龙家

zú zhōng shì bù duō jiàn de
族中是不多见的。

恐龙档案

♠ 身长：1 米～2 米

♥ 体重：约 20 千克

♣ 生存时期：白垩纪

◆ 化石发现地：中国、蒙古国、俄罗斯

yīng wǔ lóng de zuǐ xiàng yīng wǔ zuǐ yì bān jiān ér wān qū zhè zhǒng
鹦鹉龙的嘴像鹦鹉嘴一般尖而弯曲，这种

kǒng lóng yīn cǐ dé míng yīng wǔ lóng
恐龙因此得名鹦鹉龙。

yīng wǔ lóng shì yì zhǒng qún jū kǒng lóng zài qún tǐ zhōng yīng wǔ lóng
鹦鹉龙是一种群居恐龙，在群体中，鹦鹉龙

dōu yǒu gè zì de fēn gōng hé jué sè lì rú yīng wǔ lóng qún tǐ zài jìn shí
都有各自的分工和角色。例如，鹦鹉龙群体在进食

shí qún tǐ zhōng huì yǒu chéng nián yīng wǔ lóng fù zé jǐng jiè
时，群体中会有成年鹦鹉龙负责"警戒"，

zhè néng tí gāo yīng wǔ lóng dǐ yù ròu shí xìng kǒng lóng
这能提高鹦鹉龙抵御肉食性恐龙

de néng lì
的能力。

15

头骨最大的恐龙

牛角龙是已知头骨最大的恐龙，目前发现的最大的牛角龙头骨长度达2.67米。

牛角龙的体形如同现今的大象，庞大而笨重，一头成年牛角龙的体重相当于五头成年犀牛的体重。

恐龙档案

- ♠ **身长**：约9米
- ♥ **体重**：4吨～6吨
- ♣ **生存时期**：白垩纪
- ◆ **化石发现地**：美国、加拿大

16

niú jiǎo lóng de tóu bù zhǎng yǒu sān
牛角龙的头部长有三
zhī fēng lì de jiǎo píng jiè jù dà de
只锋利的角。凭借巨大的
shēn xíng hé fēng lì de jiǎo niú jiǎo lóng
身形和锋利的角，牛角龙
néng gòu duì fu dān dú xíng dòng de liè shí
能够对付单独行动的猎食
zhě dà duō shù qíng kuàng xià niú jiǎo lóng dōu
者，大多数情况下，牛角龙都
néng gòu cóng zhè yàng de duì kàng zhōng
能够从这样的对抗中
quán shēn ér tuì
"全身而退"。

角最长的恐龙

在所有长角的恐龙中，三角龙的角是最长的。三角龙的角总长度接近两米，露出的骨质部分长度超过一米。

sān jiǎo lóng de tóu bù zhǎng yǒu dà xíng tóu dùn　 tā men de tóu bù yě
三角龙的头部长有大型头盾，它们的头部也

yīn wèi tóu dùn de cún zài ér xiǎn de hěn dà　 duì yú dà duō shù liè shí zhě ér
因为头盾的存在而显得很大。对于大多数猎食者而

rán　 sān jiǎo lóng bìng bú shì róng yì duì fu de duì shǒu　 yǒu shí　 liè shí zhě
言，三角龙并不是容易对付的对手，有时，猎食者

shèn zhì huì bèi sān jiǎo lóng cì shāng
甚至会被三角龙刺伤。

恐龙档案

♠ 身长：7.9米～9米

♥ 体重：6.1吨～12吨

♣ 生存时期：白垩纪

◆ 化石发现地：美国、加拿大

19

指爪最长的恐龙

恐龙档案

♠ 身长:约10米

♥ 体重:6吨~7吨

♣ 生存时期:白垩纪

◆ 化石发现地:蒙古国

镰刀龙因为长有外形酷似镰刀的指爪而得名。在所有的恐龙中，镰刀龙的指爪是最长的。成年镰刀龙指爪的平均长度可达75厘米，曾有考古发掘人员发现过长达1米的镰刀龙指爪化石。

镰刀龙的前肢较为灵活，可以辅助进食。除此之外，它们还能挥动前肢上的巨大指爪，赶走猎食者。

牙齿最多的恐龙

nián　　gǔ shēng wù xué jiā zài měi guó nán bù fā xiàn le yí jù yā
2007年，古生物学家在美国南部发现了一具鸭

zuǐ lóng gǔ gé huà shí　zhè zhī yā zuǐ lóng kǒu zhōng zhǎng yǒu　　duō kē yá
嘴龙骨骼化石，这只鸭嘴龙口中长有800多颗牙

chǐ　shì qì jīn wéi zhǐ rén lèi yǐ zhī de
齿，是迄今为止人类已知的

yá chǐ zuì duō de kǒng lóng
牙齿最多的恐龙。

- ♠ 身长：约10米
- ♥ 体重：约4吨
- ♣ 生存时期：白垩纪
- ◆ 化石发现地：加拿大

鸭嘴龙是一种体形较大的植食性恐龙，它们长有宽阔的鸭嘴状吻端，鸭嘴龙也因为这样的嘴部特点而得名。

图书在版编目(CIP)数据

恐龙大百科. 恐龙之最大揭秘 / 崔钟雷主编. -- 哈尔滨：黑龙江美术出版社，2021.7
ISBN 978-7-5593-7694-7

Ⅰ. ①恐… Ⅱ. ①崔… Ⅲ. ①恐龙 – 少儿读物 Ⅳ. ①Q915.864–49

中国版本图书馆 CIP 数据核字 (2021) 第 142991 号

书　　名 / 恐龙大百科　恐龙之最大揭秘
KONGLONG DA BAIKE KONGLONG ZHIZUI DA JIEMI

出 品 人 / 于　丹
主　　编 / 崔钟雷
策　　划 / 钟　雷
副 主 编 / 姜丽婷　贾海娇
责任编辑 / 郭志芹
责任校对 / 张一墨
装帧设计 / 稻草人工作室
出版发行 / 黑龙江美术出版社
地　　址 / 哈尔滨市道里区安定街 225 号
邮政编码 / 150016
发行电话 / (0451)55174988
经　　销 / 全国新华书店
印　　刷 / 日照教科印刷有限公司
开　　本 / 720mm×894mm　1/32
印　　张 / 9
字　　数 / 70 千字
版　　次 / 2021 年 7 月第 1 版
印　　次 / 2021 年 7 月第 1 次印刷
书　　号 / ISBN 978-7-5593-7694-7
定　　价 / 180.00 元 (全十二册)

本书如发现印装质量问题，请直接与印刷厂联系调换。

恐龙大百科

群居恐龙大追踪

崔钟雷　主编

黑龙江美术出版社

豪勇龙

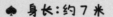

- ♠ 身长：约 7 米
- ♥ 体重：3 吨～4 吨
- ♣ 生存时期：白垩纪
- ◆ 化石发现地：尼日尔

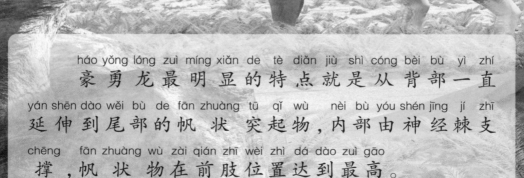

háo yǒng lóng zuì míng xiǎn de tè diǎn jiù shì cóng bèi bù yì zhí
豪勇龙最明显的特点就是从背部一直
yán shēn dào wěi bù de fān zhuàng tū qǐ wù nèi bù yóu shén jīng jí zhī
延伸到尾部的帆状突起物，内部由神经棘支
chēng fān zhuàng wù zài qián zhī wèi zhì dá dào zuì gāo
撑，帆状物在前肢位置达到最高。

háo yǒng lóng qián zhī shang zhǎng yǒu jiān zhǎo néng gòu fǔ zhù jìn
豪勇龙前肢上 长有尖爪，能够辅助进
shí hái néng yòng yú dǐ yù liè shí zhě cǐ wài háo yǒng lóng hái huì
食，还能用于抵御猎食者。此外，豪勇龙还会
jí qún shēng huó yī kào tuán tǐ de lì liàng dǐ yù liè shí zhě
集群生活，依靠团体的力量抵御猎食者。

3

河神龙

河神龙是一种体形中等的角龙类恐龙，河神龙没有鼻角，只在鼻端和眼睛上方长有骨质隆起，骨质隆起可以起到保护眼睛的作用。

hé shén lóng shì yì zhǒng qún jū kǒng lóng　 yù dào ròu shí xìng kǒng lóng
河神龙是一种群居恐龙，遇到肉食性恐龙
shí　 tā men huì bǎ yòu lóng wéi zài zhōng jiān　 tóu bù cháo wài　 yòng tóu dùn
时，它们会把幼龙围在中间，头部朝外，用头盾
shang de jiǎo dǐ yù liè shí zhě
上的角抵御猎食者。

♠ 身长：约6米
♥ 体重：约3吨
♣ 生存时期：白垩纪
◆ 化石发现地：美国

5

野牛龙

野牛龙长有一只巨大的鼻角，头部后方长有庞大的头盾，头盾顶端还有两只尖尖的、向上生长的长角，十分醒目。

野牛龙的四足呈蹄状，这可以大大提高野牛龙在快速奔跑时的稳定性，防止它们摔倒。

yě niú lóng shì yì zhǒng jí qún
野牛龙是一种集群
shēng huó de kǒng lóng　jí qún shēng
生活的恐龙。集群生
huó néng gòu tí gāo tā men dǐ yù liè
活能够提高它们抵御猎
shí zhě de néng lì
食者的能力。

恐龙档案

♠ 身长：约4米

♥ 体重：约1吨

♣ 生存时期：白垩纪

◆ 化石发现地：美国

7

异特龙

yì tè lóng shì shǎo yǒu de jì yōng yǒu páng dà shēn
异特龙是少有的既拥有庞大身

tǐ yòu fēi cháng cōng míng de kǒng lóng shì zuì kě pà de
体又非常聪明的恐龙,是最可怕的

ròu shí xìng kǒng lóng zhī yī yì tè lóng yǒu shí huì jí qún
肉食性恐龙之一。异特龙有时会集群

xíng dòng bǔ shí dà xíng liè wù
行动,捕食大型猎物。

恐龙档案

♠ 身长:7米～13米
♥ 体重:1.5吨～3.6吨
♣ 生存时期:侏罗纪
◆ 化石发现地:美国

8

yì tè lóng de zuǐ zhōng zhǎng yǒu shí
异特龙的嘴中长有十

gè fēng lì de yá chǐ yá chǐ dà duō xiàng
个锋利的牙齿，牙齿大多向

hòu nèi wān qū
后内弯曲。

yì tè lóng yǎn jing shàng fāng zhǎng yǒu jiǎo guàn
异特龙眼睛上方长有角冠，

jiǎo guàn yóu tóu bù yán shēn chū de gǔ gé zhī chēng
角冠由头部延伸出的骨骼支撑，

biǎo miàn kě néng fù gài jiǎo zhì
表面可能覆盖角质。

埃德蒙顿龙

āi dé méng dùn lóng hòu zhī qiáng zhuàng　 néng kuài sù bēn pǎo
埃德蒙顿龙后肢强 壮 ，能 快速奔跑。

qún jū shì āi dé méng dùn lóng tí gāo shēng cún néng lì de yì zhǒng fā
群居是埃德蒙顿龙提高 生 存能力的一种方

shì　 jí qún shēng huó néng gòu yǒu xiào bì miǎn liè shí zhě de tōu xí
式，集群 生 活能够有效避免猎食者的偷袭。

恐龙档案

♠ 身长：9 米～13 米

♥ 体重：3 吨～4 吨

♣ 生存时期：白垩纪

◆ 化石发现地：美国、加拿大

10

āi dé méng dùn lóng zhǎng yǒu
埃德蒙顿龙长有
uì zhuàng zuǐ   néng yǐ
象状嘴，能以
n yìng zhí wù wéi shí
坚硬植物为食。

11

慈母龙

cí mǔ lóng shì yì zhǒng huì fū dàn hé zhào gù hòu dài de kǒng
慈母龙是一种会孵蛋和照顾后代的恐

lóng zhè yě shì tā men dé míng de yuán yīn
龙，这也是它们得名的原因。

cí mǔ lóng men yǐ qún tǐ shēng huó de fāng shì dǐ yù liè shí zhě cí
慈母龙们以群体生活的方式抵御猎食者。慈

ǔ lóng de qún tǐ shí fēn páng dà zuì dà de yí gè qún tǐ zhōng cí mǔ lóng
母龙的群体十分庞大，最大的一个群体中慈母龙

è tǐ de shù liàng shèn zhì kě néng huì chāo guò yí wàn gè
个体的数量甚至可能会超过一万个。

♠ 身长:6米~9米

♥ 体重:2吨~4吨

♣ 生存时期:白垩纪

♦ 化石发现地:美国、加拿大

13

艾伯塔龙

ài bó tǎ lóng shì yì zhǒng zǎo qī de bà
艾伯塔龙是一种早期的暴

lóng lèi kǒng lóng
龙类恐龙。

ài bó tǎ lóng de yǎn jing shàng fāng zhǎng yǒu jiǎo
艾伯塔龙的眼睛上方长有角

zhuàng guān shì   zài fán zhí jì jié   xióng xìng ài bó tǎ
状冠饰，在繁殖季节，雄性艾伯塔

lóng kě néng huì lì yòng guān shì xī yǐn yì xìng
龙可能会利用冠饰吸引异性。

♠ 身长：9米~10米
♥ 体重：2.5吨~4吨
♣ 生存时期：白垩纪
◆ 化石发现地：加拿大

恐龙档案

14

在捕食大型恐龙的时候，艾伯塔龙
可能会集群行动，这种捕食方式能够
提高捕食成功率和
捕食效率。

特暴龙

特暴龙是在亚洲地区被发现的体形最大的肉食性恐龙。特暴龙的前肢很短，前肢上长有锐利的指爪，而它们的后肢强壮有力，能够支撑身体，因此，它们以后足行走。

16

tè bào lóng tōng cháng huì qún tǐ chū dòng xún zhǎo shí wù　　tā men yǒu shí
特暴龙通常会群体出动寻找食物。它们有时

zì jǐ zhuā bǔ liè wù　　yǒu shí chī dòng wù de shī tǐ　　yǒu shí shèn zhì huì
自己抓捕猎物,有时吃动物的尸体,有时甚至会

qiǎng qí tā kǒng lóng de liè wù
抢其他恐龙的猎物。

♠ 身长:8米~12米

♥ 体重:3吨~7.5吨

♣ 生存时期:白垩纪

◆ 化石发现地:中国、蒙古国

迪亚曼蒂纳龙

迪亚曼蒂纳龙是一种集群生活的大型植食性恐龙，属于泰坦巨龙类，它们长有较小的头部、宽阔的胸部和鞭子状的尾巴。

迪亚曼蒂纳龙四肢粗壮，它们主要以四足着地的方式行走。

珍龙档案

- ♠ 身长：约16米
- ♥ 体重：约22吨
- ♣ 生存时期：白垩纪
- ◆ 化石发现地：澳大利亚

dí yà màn dì nà lóng qián zhī de dì
迪亚曼蒂纳龙前肢的第

yī zhǐ shang zhǎng yǒu zhǐ zhǎo kě néng yòng
一指上 长有指爪，可能用

lái dǐ yù liè shí zhě huò wā jué shí wù
来抵御猎食者或挖掘食物。

dí yà màn dì nà lóng shí liàng hěn dà
迪亚曼蒂纳龙食量很大，

tā men bù jǐn chī shù jué yín xìng děng gāo dà
它们不仅吃树蕨、银杏等高大

zhí wù de zhī yè yě chī dī ǎi de jué lèi
植物的枝叶，也吃低矮的蕨类

hé qí tā zhí wù
和其他植物。

普尔塔龙

普尔塔龙是一种巨型植食性恐龙，它们背部和身体两侧长有坚硬的鳞甲和骨质突起，能有效保护身体。

普尔塔龙不是"独行侠"。它们是群体生活的，而且会在食物资源不足时进行群体迁移。

彩龙档案

- ♠ 身长：35米～40米
- ♥ 体重：80吨～100吨
- ♣ 生存时期：白垩纪
- ◆ 化石发现地：阿根廷

20

如果遭遇凶猛猎食者的攻击，普尔塔龙会奋力反抗。一般情况下，猎食者不会贸然攻击体形庞大的普尔塔龙。

普尔塔龙的长尾巴能像鞭子一样抽打猎食者，另外，它们前肢末端的脚趾十分尖利，也可用于抵御猎食者。

山东龙

shān dōng lóng shì yì zhǒng jí qún shēng huó de dà xíng yā zuǐ lóng lè
山东龙是一种集群生活的大型鸭嘴龙类

kǒng lóng dāng qún tǐ chéng yuán wài chū huó dòng huò mì shí shí huì yǒu shā
恐龙。当群体成员外出活动或觅食时，会有山

dōng lóng fù zé fàng shào yí dàn fā xiàn wēi xiǎn shào bīng huì lì jí
东龙负责"放哨"，一旦发现危险，"哨兵"会立即

tōng zhī tóng bàn　　rán hòu yǔ tóng bàn yì qǐ táo lí　　zhè zhǒng jí qún shēng

通知同伴，然后与同伴一起逃离。这种集群生

huó de fāng shì zài hěn dà chéng dù shang tí gāo le shān dōng lóng de shēng

活的方式在很大程度上提高了山东龙的生

cún néng lì

存能力。

恐龙档案

◆ 身长：约 15 米

♥ 体重：约 10 吨

♣ 生存时期：白垩纪

◆ 化石发现地：中国

23

图书在版编目(CIP)数据

恐龙大百科. 群居恐龙大追踪 / 崔钟雷主编. -- 哈尔滨：黑龙江美术出版社，2021.7
ISBN 978-7-5593-7694-7

Ⅰ. ①恐… Ⅱ. ①崔… Ⅲ. ①恐龙 – 少儿读物 Ⅳ.
①Q915.864–49

中国版本图书馆 CIP 数据核字(2021)第 142986 号

书   名 / 恐龙大百科　群居恐龙大追踪
KONGLONG DA BAIKE QUNJU KONGLONG DA ZHUIZONG

出 品 人 / 于　丹
主　　编 / 崔钟雷
策　　划 / 钟　雷
副 主 编 / 姜丽婷　贾海娇
责任编辑 / 郭志芹
责任校对 / 张一墨
装帧设计 / 稻草人工作室
出版发行 / 黑龙江美术出版社
地　　址 / 哈尔滨市道里区安定街 225 号
邮政编码 / 150016
发行电话 / (0451)55174988
经　　销 / 全国新华书店
印　　刷 / 日照教科印刷有限公司
开　　本 / 720mm×894mm　1/32
印　　张 / 9
字　　数 / 70 千字
版　　次 / 2021 年 7 月第 1 版
印　　次 / 2021 年 7 月第 1 次印刷
书　　号 / ISBN 978-7-5593-7694-7
定　　价 / 180.00 元(全十二册)

本书如发现印装质量问题，请直接与印刷厂联系调换。

恐龙大百科

侏罗纪大阅兵

崔钟雷　主编

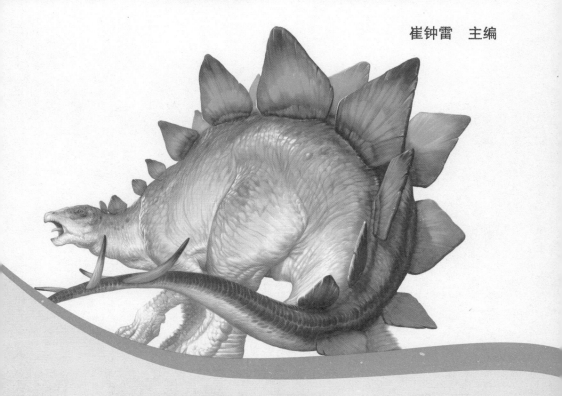

黑龙江美术出版社

剑龙

剑龙是集群生活的恐龙，主要以苔藓、蕨类苏铁等植物为食。

剑龙的头部非常小，与它们庞大的身躯相比显得非常不协调。剑龙是头部占身体比例最小的恐龙，因此，剑龙的智商不是很高。

jiàn lóng de jǐ bèi shang zhǎng yǒu liǎng liè pái liè zhěng qí de sān jiǎo xíng
剑龙的脊背上 长有两列排列整齐的三角形
gǔ bǎn jiàn lóng de gǔ bǎn bù jǐn kě yǐ dǐ yù liè shí zhě de jìn gōng hái
骨板,剑龙的骨板不仅可以抵御猎食者的进攻,还
kě yǐ qǐ dào tiáo jié tǐ wēn de zuò yòng
可以起到调节体温的作用。

剑龙档案

♠ 身长:6米~12米
♥ 体重:2吨~4吨
♣ 生存时期:侏罗纪
◆ 化石发现地:美国

巨刺龙

巨刺龙是一种中型剑龙类恐龙，巨刺龙背部长有三角形骨板，尾巴末端有4根尖刺，尖刺对称分布在尾巴两侧。骨板和尖刺是巨刺龙抵御猎食者的"武器"。巨刺龙皮肤表面有一层鳞甲，能够在一定程度上抵御猎食者的攻击。

恐龙档案

- ♠ 身长：约4.2米
- ♥ 体重：约700千克
- ♣ 生存时期：侏罗纪
- ◆ 化石发现地：中国

jù cì lóng zhǔ yào yǐ sì zú zháo dì de fāng shì xíng
巨刺龙主要以四足着地的方式行
zǒu shí yòng dī ǎi chù de zhí wù　dàn shì jù cì lóng de
走，食用低矮处的植物。但是巨刺龙的
hòu zhī shí fēn qiáng zhuàng　zú yǐ zhī chēng quán
后肢十分强壮，足以支撑全
shēn de zhòng liàng　yīn cǐ　jù cì lóng yǒu shí huì yòng
身的重量，因此，巨刺龙有时会用
hòu zú zhàn lì qǐ lai cǎi shí gāo chù de zhí wù
后足站立起来采食高处的植物。

5

小盾龙

小盾龙身上长有一排排骨质鳞甲，这种鳞甲坚硬而锋利，猎食者如果贸然撕咬小盾龙的身体，可能就会受伤。

小盾龙行动敏捷，步履轻盈。在面对猎食者时，小盾龙可以通过快速奔跑的方式摆脱危机。

xiǎo dùn lóng xǐ huan zài zhí bèi mào shèng de píng yuán huò cǎo yuán shang
小盾龙喜欢在植被茂盛的平原或草原上

shuó dòng zhè yàng de huán jìng zhōng shí wù zī yuán chōng zú qiě róng yì duǒ
舌动，这样的环境中食物资源充足，且容易躲

bì liè shí zhě
避猎食者。

xiǎo dùn lóng kě néng yōng yǒu shí fēn líng mǐn de xiù jué zhè duì tā men
小盾龙可能拥有十分灵敏的嗅觉，这对它们

de shēng cún lái shuō shí fēn zhòng yào
的生存来说十分重要。

恐龙档案

♠ 身长：约 1.2 米
♥ 体重：约 10 千克
♣ 生存时期：侏罗纪
◆ 化石发现地：美国

达克龙

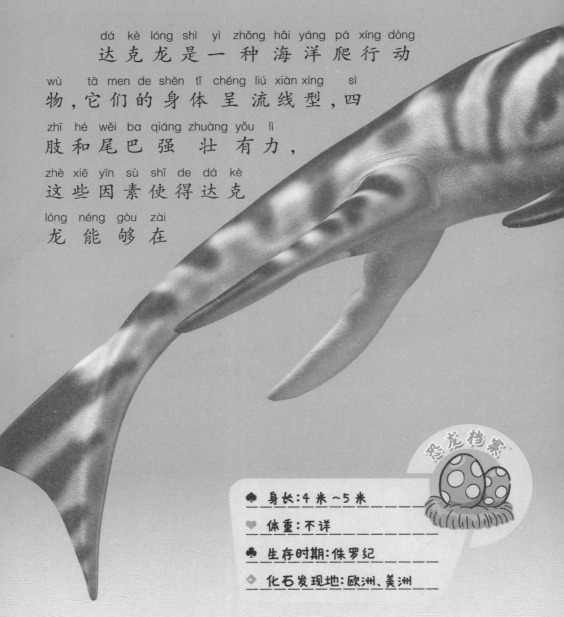

dá kè lóng shì yì zhǒng hǎi yáng pá xíng dòng
达克龙是一种海洋爬行动
wù　tā men de shēn tǐ chéng liú xiàn xíng　sì
物,它们的身体呈流线型,四
zhī hé wěi ba qiáng zhuàng yǒu lì
肢和尾巴强 壮 有力,
zhè xiē yīn sù shǐ de dá kè
这些因素使得达克
lóng néng gòu zài
龙能够在

♠ 身长:4米~5米

♥ 体重:不详

♣ 生存时期:侏罗纪

◇ 化石发现地:欧洲、美洲

hǎi yáng zhōng kuài sù yóu dòng
海洋 中 快速游动。

dá kè lóng wěn bù jiào duǎn
达克龙吻部较短，

zuǐ li zhǎng mǎn fēng lì de jù chǐ
嘴里长满锋利的锯齿

zhuàng yá chǐ
状牙齿。

dá kè lóng píng jiè chū sè
达克龙凭借出色

de yóu yǒng néng lì hé qiáng dà de
的游泳能力和强大的

sī yǎo néng lì chéng wéi dǐng jí
撕咬能力，成为顶级

liè shí zhě
猎食者。

喙嘴龙

喙嘴龙是一种比较原始的翼龙，嘴巴与鸟类的喙很相似，翼骨间的皮膜是其主要的飞行器官。喙嘴龙可以长时间在空中飞行，活动范围相对广泛，它们主要以小型恐龙、鱼类、昆虫为食，有时也吃腐肉。

♠ 翼展：约 1 米

♥ 体重：约 20 千克

♣ 生存时期：侏罗纪

◆ 化石发现地：英国、德国、西班牙

恐龙档案

幼年喙嘴龙的颅骨较短，
眼睛相对较大，口鼻部短而钝。
在生长的过程中，喙嘴龙的
口鼻部会逐渐变得长而尖。
喙嘴龙长有一条很长的
尾巴，尾巴末端有垂直生长
的皮膜。

双冠龙

shuāng guān lóng shì yuǎn gǔ běi měi zhōu dì qū bù róng zhì yí de yōu s
双 冠龙是远古北美洲地区不容置疑的优秀

liè shí zhě shuāng guān lóng de tóu dǐng yǒu liǎng gè bàn yuè xíng guān zhuàng wù
猎食者。双 冠龙的头顶有两个半月形冠 状物

yóu qián é yì zhí yán shēn dào tóu gǔ hòu fāng
由前额一直延伸到头骨后方。

shuāng guān lóng de tóu guān hěn cuì ruò bù néng dàng zuò wǔ qì sh
双 冠龙的头冠很脆弱，不能当作武器使

yòng dàn xióng xìng shuāng guān lóng de tóu guān kě yǐ yòng lái xī yǐn yì xìng
用，但雄性双 冠龙的头冠可以用来吸引异性。

- ♠ 身长：约6米
- ♥ 体重：约500千克
- ♣ 生存时期：侏罗纪
- ◆ 化石发现地：美国

12

shuāng guān lóng de shēn tǐ shí fēn miáo tiao　ér qiě tā men de shēn tǐ
双 冠 龙 的 身 体 十 分 苗 条 ，而 且 它 们 的 身 体
ěn líng huó　dòng zuò shí fēn mǐn jié　shuāng guān lóng fēi cháng shàn yú bēn
艮 灵 活 ，动 作 十 分 敏 捷 。双 冠 龙 非 常 善 于 奔
ǎo　xì cháng de wěi ba néng gòu zài shēn hòu bǎo chí shēn tǐ píng héng
泡 ，细 长 的 尾 巴 能 够 在 身 后 保 持 身 体 平 衡 。

13

双型齿翼龙

shuāng xíng chǐ yì lóng shì yì zhǒng yì lóng tā men jiè zhù pí mó xín
双型齿翼龙是一种翼龙，它们借助皮膜形

chéng de chì bǎng fēi xíng tā men de chì bǎng báo ér
成的翅膀飞行，它们的翅膀薄而

qīng kě yǐ jiǎn qīng fēi xíng fù dān
轻，可以减轻飞行负担。

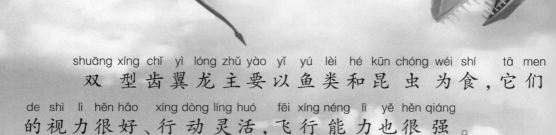

shuāng xíng chǐ yì lóng zhǔ yào yǐ yú lèi hé kūn chóng wéi shí tā men
双型齿翼龙主要以鱼类和昆虫为食，它们

de shì lì hěn hǎo xíng dòng líng huó fēi xíng néng lì yě hěn qiáng
的视力很好、行动灵活，飞行能力也很强。

shuāng xíng chǐ yì lóng zài gāo kōng fēi xíng shí néng gòu zhǔn què pàn duàn
双型齿翼龙在高空飞行时能够准确判断

liè wù de wèi zhì rán
猎物的位置，然
hòu xùn sù chū jī bǔ
后迅速出击，捕
huò liè wù
获猎物。

恐龙档案

♠ 翼展：约1.2米

♥ 体重：不详

♣ 生存时期：侏罗纪

◆ 化石发现地：欧洲

15

迪布勒伊洛龙

迪布勒伊洛龙的名字听起来十分奇怪，它们的名字是以发现化石的迪布勒伊家庭命名的。

迪布勒伊洛龙是一种肉食性恐龙，擅长用长满尖牙的嘴巴在浅水中捕捉鱼类。

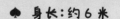

- ♠ 身长：约6米
- ♥ 体重：不详
- ♣ 生存时期：侏罗纪
- ◆ 化石发现地：法国

迪布勒伊洛龙的头骨非常长，这种头骨结构有利于迪布勒伊洛龙在水中捕鱼。迪布勒伊洛龙的颈部比较灵活，方便它们捕食猎物。

17

皮亚尼兹基龙

pí yà ní zī jǐ lóng shēn xíng bú dà dàn xìng qíng cán bào shì
皮亚尼兹基龙身形不大，但性情残暴，是

yuǎn gǔ měi zhōu dà lù shang de shā lù gāo shǒu pí yà ní zī jǐ lóng xíng
远古美洲大陆上的杀戮高手。皮亚尼兹基龙行

dòng mǐn jié bǔ shí néng lì hěn
动敏捷，捕食能力很

qiáng yǒu shí pí yà ní zī
强。有时，皮亚尼兹

jǐ lóng hái huì jí tǐ liè shí
基龙还会集体猎食。

- ♠ 身长：约4.3米
- ♥ 体重：约275千克
- ♣ 生存时期：侏罗纪
- ◆ 化石发现地：阿根廷

皮亚尼兹基龙的前肢粗壮，前肢末端长有锋利的大型指爪，猎物一旦被其抓住便很难逃脱。

19

巨椎龙

jù zhuī lóng tóu bù hěn xiǎo　　jǐng bù hěn cháng　　wèi le píng héng tóu b
巨椎龙头部很小，颈部很长，为了平衡头音

yǔ jǐng bù de zhòng liàng　　jù zhuī lóng hái zhǎng yǒu cháng cháng de wěi ba
与颈部的重量，巨椎龙还长有长长的尾巴。

jù zhuī lóng yǔ hòu lái chū xiàn de　xī jiǎo lèi kǒng lóng shēn tǐ　tè zhēn
巨椎龙与后来出现的蜥脚类恐龙身体特征

xiāng sì　　dàn tā men méi yǒu jìn huà chū tè bié páng dà de shēn qū
相似，但它们没有进化出特别庞大的身躯。

- ♠身长：4米~6米
- ♥体重：约135千克
- ♣生存时期：侏罗纪
- ◆化石发现地：南非、莱索托、赞比亚

jù zhuī lóng zài jìn shí de tóng shí   huì tūn xià shí zǐ   jiè zhù shí zǐ
巨椎龙在进食的同时，会吞下石子，借助石子

e gǔn dòng mó suì shí wù   bāng zhù xiāo huà
的滚动磨碎食物，帮助消化。

21

双腔龙

双腔龙是一种大型蜥脚类恐龙，古生物学家认为，双腔龙是梁龙的近亲。双腔龙食量巨大，为了保证身体需要，它们会花费大量时间进食。

shuāng qiāng lóng shēng huó zài zhí bèi mào shèng de dì qū　zhè lǐ shí
双 腔龙生活在植被茂盛的地区，这里食

wù zī yuán fēng fù　kě yǐ mǎn zú tā men de jìn shí xū yào
物资源丰富，可以满足它们的进食需要。

恐龙档案

♠ 身长：约20米

♥ 体重：约30吨

♣ 生存时期：侏罗纪

◆ 化石发现地：美国

23

图书在版编目(CIP)数据

恐龙大百科. 侏罗纪大阅兵 / 崔钟雷主编. -- 哈尔滨：黑龙江美术出版社，2021.7

ISBN 978-7-5593-7694-7

Ⅰ. ①恐… Ⅱ. ①崔… Ⅲ. ①恐龙－少儿读物 Ⅳ.
①Q915.864-49

中国版本图书馆 CIP 数据核字(2021)第 141653 号

书　　名 / 恐龙大百科　侏罗纪大阅兵
KONGLONG DA BAIKE ZHULUOJI DA YUEBING

出 品 人 / 于　丹
主　　编 / 崔钟雷
策　　划 / 钟　雷
副 主 编 / 姜丽婷　贾海娇
责任编辑 / 郭志芹
责任校对 / 张一墨
装帧设计 / 稻草人工作室
出版发行 / 黑龙江美术出版社
地　　址 / 哈尔滨市道里区安定街 225 号
邮政编码 / 150016
发行电话 / (0451)55174988
经　　销 / 全国新华书店
印　　刷 / 日照教科印刷有限公司
开　　本 / 720mm×894mm　1/32
印　　张 / 9
字　　数 / 70 千字
版　　次 / 2021 年 7 月第 1 版
印　　次 / 2021 年 7 月第 1 次印刷
书　　号 / ISBN 978-7-5593-7694-7
定　　价 / 180.00 元(全十二册)

本书如发现印装质量问题，请直接与印刷厂联系调换。

恐龙大百科

三叠纪大聚焦

崔钟雷　主编

黑龙江美术出版社

理理恩龙

lǐ lǐ ēn lóng shì sān dié jì shí qī de bà zhǔ zhī yī   tā men
理理恩龙是三叠纪时期的霸主之一，它们

tōng cháng huì mái fú zài hé liú huò hú pō de àn biān   děng dào liè wù
通 常 会埋伏在河流或湖泊的岸边，等到猎物

qián lái yǐn shuǐ shí   fā dòng zhì mìng de xí jī
前来饮水时，发动致命的袭击。

♠ 身长：2 米 ～5 米

♥ 体重：100 千克 ～140 千克

♣ 生存时期：三叠纪

◆ 化石发现地：德国、法国

③

蓓天翼龙

蓓天翼龙又叫翅龙，是目前已知最古老的翼龙类爬行动物之一。蓓天翼龙前肢指间长出的皮膜一直向后延伸到后肢，构成了蓓天翼龙的飞行器官。

飞行是蓓天翼龙最大的生存优势，它

恐龙档案

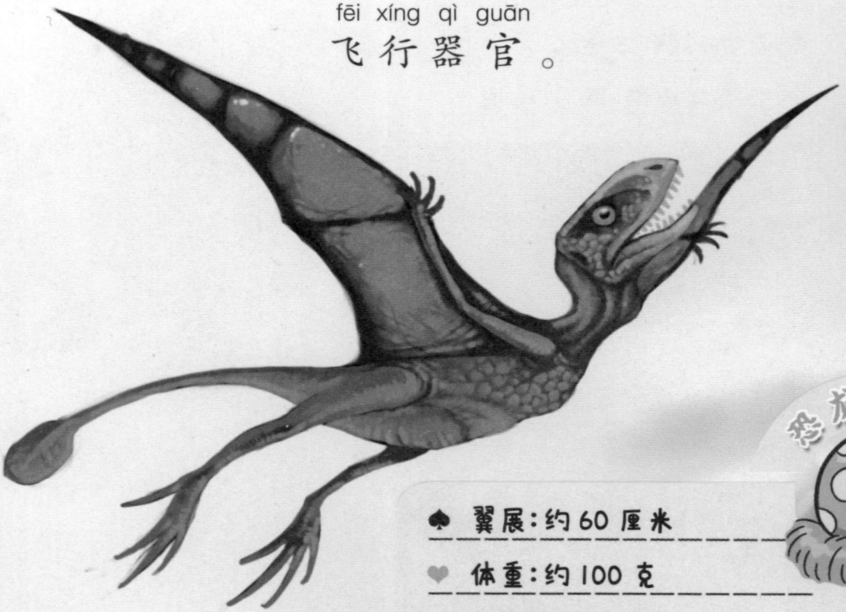

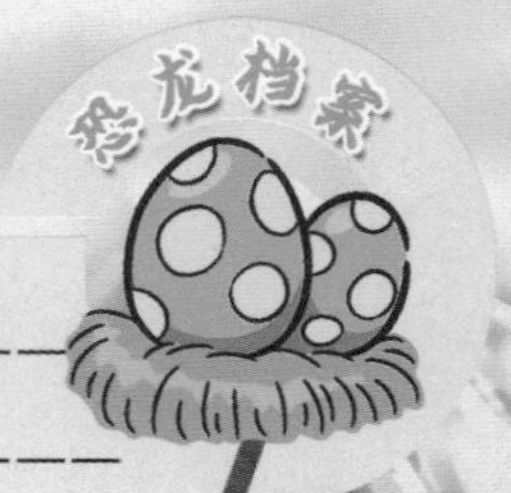

◆ 翼展：约60厘米

♥ 体重：约100克

♣ 生存时期：三叠纪

◆ 化石发现地：意大利

en kě yǐ zài kōng zhōng duǒ bì wēi xiǎn
门可以在空中躲避危险

é bǔ shí
口捕食。

bèi tiān yì lóng de wěi
蓓天翼龙的尾

a hěn cháng   néng bǎo chí
巴很长，能保持

hēn tǐ píng héng bìng kòng zhì
身体平衡并控制

ēi xíng fāng xiàng
飞行方向。

5

布拉塞龙

布拉塞龙是肯氏兽科最晚的代表物种之一。它们的上颌长有两颗长牙。旱季,布拉塞龙会用长牙挖掘植物的根部充饥。

bù lā sài lóng de cháng yá chú le néng bāng zhù shè shí wài hái shi qí
布拉塞龙的长牙除了能帮助摄食外,还是其

tǐ yù dà xíng ròu shí xìng kǒng lóng de zuì jiā wǔ qì
抵御大型肉食性恐龙的最佳武器。

bù lā sài lóng zhǎng yǒu lèi sì niǎo huì yí yàng de zuǐ zhè zhǒng huì
布拉塞龙长有类似鸟喙一样的嘴,这种喙

huàng zuǐ jiān yìng ér fēng lì kě yǐ qiē duàn zhí wù zhī yè
状嘴坚硬而锋利,可以切断植物枝叶。

♠ 身长:约3米
♥ 体重:约1吨
♣ 生存时期:三叠纪
◆ 化石发现地:美国

7

长鳞龙

恐龙档案

- ♠ 身长：不详
- ♥ 体重：不详
- ♣ 生存时期：三叠纪
- ◆ 化石发现地：吉尔吉斯斯坦

长鳞龙的学名意为"长的鳞片",鳞片指的是长鳞龙背部一排类似羽毛的条状物,这是长鳞龙最显著的外形特点。

长鳞龙背部的条状物可能是一种原始羽毛。

9

波斯特鳄

bō sī tè è shēng huó zài běi měi zhōu de cóng lín zhōng　　tā men s
波斯特鳄生活在北美洲的丛林中，它们

yǐ dé kè sà sī zhōu de bō sī tè xiǎo zhèn mìng míng de　　bō sī tè è
以得克萨斯州的波斯特小镇命名的。波斯特鳄

yì zhǒng kǒng bù de liè shí zhě　　rèn hé bǐ tā men xiǎo de
一种恐怖的猎食者，任何比它们小的

dòng wù dōu yǒu kě néng
动物都有可能

chéng wéi tā men de shí
成为它们的食

wù　　tā men néng gòu kuài
物，它们能够快

sù de zhuā zhù bìng shā sǐ
速地抓住并杀死

xiǎo xíng liè wù
小型猎物。

- ♠ 身长：约4米
- ♥ 体重：250千克~300千克
- ♣ 生存时期：三叠纪
- ◆ 化石发现地：美国

bō sī tè è de bí kǒng hěn dà　xiù jué líng mǐn　tā men hěn kě néng
波斯特鳄的鼻孔很大，嗅觉灵敏，它们很可能

kào líng mǐn de xiù jué lái sōu xún liè wù
依靠灵敏的嗅觉来搜寻猎物。

bō sī tè è de tǐ xíng bú shì yú kuài sù bēn pǎo　dàn bō sī tè è
波斯特鳄的体形不适于快速奔跑，但波斯特鳄

cháng cóng yǐn bì chù chōng chū　tōu xí qí tā dòng wù　bìng duì qí zào
经常从隐蔽处冲出，偷袭其他动物，并对其造

chéng zhì mìng shāng hài　cóng ér liè shā tā men
成致命伤害，从而猎杀它们。

鱼龙

yú lóng shì yì zhǒng shēng huó zài hǎi yáng li de pá xíng dòng
鱼龙是一种 生活在海洋里的爬行动

wù yīn wèi zhǎng de hěn xiàng yú ér dé míng
物,因为长得很像鱼而得名。

yú lóng de sì zhī chéng yú qí zhuàng wěi ba qiáng zhuàng yǒu
鱼龙的四肢呈鱼鳍状,尾巴强 壮 有

lì tā men de yóu yǒng sù dù néng dá dào qiān mǐ shí
力,它们的游泳速度能达到40千米/时。

♠ 身长：约2米

♥ 体重：约150千克

♣ 生存时期：三叠纪

◆ 化石发现地：德国

yú lóng shì yì zhǒng ròu shí xìng
鱼龙是一种肉食性
dòng wù   zhǔ yào yǐ tóu zú lèi hé yú lèi wéi
动物，主要以头足类和鱼类为
shí   yú lóng néng gòu píng jiè chū sè de yóu yǒng
食。鱼龙能够凭借出色的游泳
běn lǐng hé líng huó de shēn tǐ bǔ shí liè wù
本领和灵活的身体捕食猎物。

13

鸟鳄

niǎo è shì yì zhǒng lù shēng cáo chǐ lèi dòng wù   kǒng lóng jiù shì yóu cáo
鸟鳄是一种陆生槽齿类动物，恐龙就是由槽
chǐ lèi dòng wù jìn huà lái de   suǒ yǐ   niǎo è kě yǐ shuō shì kǒng lóng de zǔ
齿类动物进化来的，所以，鸟鳄可以说是恐龙的祖
xiān   ròu shí xìng kǒng lóng shuài xiān chū xiàn   tā men jì chéng le niǎo è de liè
先。肉食性恐龙率先出现，它们继承了鸟鳄的猎
shí xí xìng   màn màn de chéng wéi le dì qiú shang de dǐng jí liè shí zhě
食习性，慢慢地成为了地球上的顶级猎食者。

14

♠ 身长:约4米

♥ 体重:不详

♣ 生存时期:三叠纪

◆ 化石发现地:英国

niǎo è tóu bù xì cháng　　sì zhī jiàn zhuàng　　wěi ba hěn cháng　bèi bù
鸟鳄头部细长,四肢健壮,尾巴很长,背部

yǒu liǎng pái jiān yìng de lín jiǎ　tōng cháng qíng kuàng xià　niǎo è shì sì zú
有两排坚硬的鳞甲。通常情况下,鸟鳄是四足

zháo dì huó dòng de　dàn tā men yě néng yī kào hòu zhī zhàn lì hé bēn pǎo
着地活动的,但它们也能依靠后肢站立和奔跑。

15

迅猛鳄

xùn měng è shì yì zhǒng xíng dòng mǐn jié de pá xíng dòng wù　xù
迅 猛 鳄 是 一 种 行 动 敏 捷 的 爬 行 动 物。迅

měng è sì zhī cháng dù dà zhì xiāng dāng　tā men zhǔ yào yǐ sì zú xín
猛 鳄 四 肢 长 度 大 致 相 当， 它 们 主 要 以 四 足 行

zǒu　ǒu ěr huì yòng hòu zhī zhàn lì huò kuài sù bēn pǎo
走，偶 尔 会 用 后 肢 站 立 或 快 速 奔 跑。

迅猛鳄擅长伏击猎物，它们常常埋伏在低矮的植物丛中或水域周围，一旦有小型猎物经过，它们就会突然冲出来，凭借强壮的身体迅速制伏猎物。

彩龙档案

♠ 身长：约5米

♥ 体重：不详

♣ 生存时期：三叠纪

◆ 化石发现地：巴西

幻龙

huàn lóng shì yì zhǒng bàn hǎi shēng pá xíng dòng wù   tā men duō shù sh
幻龙是一种半海生爬行动物，它们多数时

jiān shēng huó zài hǎi lì   ǒu ěr huì dào lù dì shang huó dòng   zài hǎi àn biā
间生活在海里，偶尔会到陆地上活动。在海岸边

jí dòng xué zhōng fā xiàn de yòu tǐ huàn lóng huà shí   jiù yǒu lì de zhèng míng
及洞穴中发现的幼体幻龙化石，就有力地证明

le zhè yì diǎn
了这一点。

18

huàn lóng de hé bù zhǎng
幻龙的颌部长
yǒu xǔ duō jiān xì de yá chǐ
有许多尖细的牙齿，
tā men de yá chǐ shì jiāo cuò
它们的牙齿是交错
shēng zhǎng de zuǐ ba bì hé
生长的，嘴巴闭合

shí   yá chǐ zhèng hǎo xiāng hù wěn hé   huàn lóng zhǔ yào
时，牙齿正好相互吻合。幻龙主要
yǐ hǎi yáng zhōng de yú lèi wéi shí   huàn lóng ruì lì de
以海洋中的鱼类为食。幻龙锐利的
yá chǐ néng bāng zhù tā men bǔ shí yú lèi   jí shǐ shì
牙齿能帮助它们捕食鱼类，即使是
shēn tǐ biǎo miàn guāng huá de yú lèi   huàn lóng yě néng
身体表面光滑的鱼类，幻龙也能
qīng yì jiāng qí zhuā zhù
轻易将其抓住。

里奥哈龙

里奥哈龙是一种大型恐龙，颈部和尾巴都很
长，尽管里奥哈龙又大又重，但它们的脊椎骨是
中空的，这样可以有效减轻其身体的总重量。

里奥哈龙前肢和后肢的长度比较接近，这显
示它们很可能是以四足着地的方式行走的。

lǐ ào hā lóng de yá chǐ chéng yè zhuàng biān yuán chéng jù chǐ
里奥哈龙的牙齿呈叶状，边缘呈锯齿

zhuàng zhè xiǎn shì tā men shì yì zhǒng zhí shí xìng kǒng lóng
状，这显示它们是一种植食性恐龙。

lǐ ào hā lóng néng gòu yī kào cháng cháng de jǐng bù huò píng jiè qiáng
里奥哈龙能够依靠长长的颈部或凭借强

zhuàng de hòu zhī zhàn lì qǐ lai chī dào gāo chù de shù yè
壮的后肢站立起来吃到高处的树叶。

恐龙档案

♠ 身长：约10米

♥ 体重：不详

♣ 生存时期：三叠纪

◆ 化石发现地：阿根廷

21

蛇颈龙

zài hěn cháng yí duàn shí jiān nèi kǒng lóng tǒng zhì zhe lù dì ér hǎ
在很长一段时间内，恐龙统治着陆地，而海

yáng zé bèi shé jǐng lóng tǒng zhì zhe
洋则被蛇颈龙统治着。

shé jǐng lóng shì yì zhǒng shēng huó zài hǎi yáng
蛇颈龙是一种 生活在海洋

zhōng de dà xíng ròu shí xìng dòng wù zhǔ yào bǔ shí
中的大型肉食性动物，主要捕食

yú lèi bǔ shí de shí hou tā men huì jiē jìn yú qún tōng guò bǎi dòng cháng
鱼类。捕食的时候，它们会接近鱼群，通过摆动 长

cháng de bó zi zhuō zhù liè wù
长 的脖子捉住猎物。

^{shé jǐng lóng bì xū tūn xià dà liàng shí kuài lái zēng jiā tǐ zhòng cái néng}
蛇颈龙必须吞下大量石块来增加体重，才能

^{shùn lì chén rù shuǐ zhōng què bǎo zì jǐ néng zài shuǐ zhōng zì yóu yóu dòng}
顺利沉入水中，确保自己能在水中自由游动。

^{chú le zài hǎi yáng zhōng bǔ shí hé shēng huó shé jǐng lóng hái huì pá dào}
除了在海洋中捕食和生活，蛇颈龙还会爬到

^{lù dì shang xiū xi huò chǎn luǎn}
陆地上休息或产卵。

恐龙档案

♠ 身长：3米～5米

♥ 体重：约 1 吨

♣ 生存时期：三叠纪

◆ 化石发现地：英国

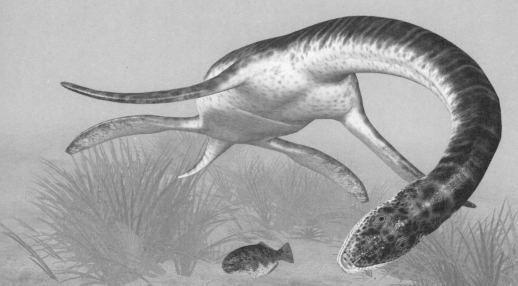

23

图书在版编目(CIP)数据

恐龙大百科. 三叠纪大聚焦 / 崔钟雷主编. -- 哈尔滨：黑龙江美术出版社，2021.7
ISBN 978-7-5593-7694-7

Ⅰ. ①恐… Ⅱ. ①崔… Ⅲ. ①恐龙 – 少儿读物 Ⅳ. ①Q915.864–49

中国版本图书馆 CIP 数据核字(2021)第 142988 号

书　　名 / **恐龙大百科　三叠纪大聚焦**
KONGLONG DA BAIKE SANDIEJI DA JUJIAO

出 品 人 / 于　丹
主　　编 / 崔钟雷
策　　划 / 钟　雷
副 主 编 / 姜丽婷　贾海娇
责任编辑 / 郭志芹
责任校对 / 张一墨
装帧设计 / 稻草人工作室
出版发行 / 黑龙江美术出版社
地　　址 / 哈尔滨市道里区安定街 225 号
邮政编码 / 150016
发行电话 / (0451)55174988
经　　销 / 全国新华书店
印　　刷 / 日照教科印刷有限公司
开　　本 / 720mm × 894mm　1/32
印　　张 / 9
字　　数 / 70 千字
版　　次 / 2021 年 7 月第 1 版
印　　次 / 2021 年 7 月第 1 次印刷
书　　号 / ISBN 978-7-5593-7694-7
定　　价 / 180.00 元(全十二册)

本书如发现印装质量问题，请直接与印刷厂联系调换。

恐龙大百科

侏罗纪大本营

崔钟雷　主编

黑龙江美术出版社

肯氏龙

kěn shì lóng yòu míng dīng zhuàng lóng jǐng bù zhì bèi bù zhǎng yǒu xiá
肯氏龙又名钉状龙，颈部至背部长有狭

cháng de gǔ bǎn bèi bù zhì wěi duān zhǎng yǒu xiàng dīng zi yí yàng zòng xiàng
长的骨板，背部至尾端长有像钉子一样纵向

shēng zhǎng de jiān cì
生长的尖刺。

kěn shì lóng de zì wèi néng lì
肯氏龙的自卫能力

jiào qiáng yí dàn zāo dào kěn shì lóng
较强，一旦遭到肯氏龙

mǎn shì jiān cì de wěi ba de sǎo jī
满是尖刺的尾巴的扫击，

liè shí zhě shòu dào de shāng hài jiāng huì
猎食者受到的伤害将会

shì zhì mìng de
是致命的。

♠ 身长：约5米
♥ 体重：约320千克
♣ 生存时期：侏罗纪
♦ 化石发现地：坦桑尼亚

棱背龙

léng bèi lóng jǐ bèi de pí fū shang bù mǎn gǔ zhì yìng jiē zhè xiē cáng
棱背龙脊背的皮肤上布满骨质硬疖，这些藏

zài jiǎo zhì nèi de yìng jiē shí fēn jiān ruì liè shí zhě rú guǒ mào rán gōng jī
在角质内的硬疖十分尖锐。猎食者如果贸然攻击

léng bèi lóng kě néng huì bèi jiān ruì de gǔ zhì yìng jiē cì shāng
棱背龙，可能会被尖锐的骨质硬疖刺伤。

léng bèi lóng shēn tǐ wèi zhì jiào dī kě yǐ hěn
棱背龙身体位置较低，可以很

hǎo de bǎo hù fù bù zhè yī
好地保护腹部这一

bó ruò bù wèi
薄弱部位。

恐龙档案

♠ 身长：3米～4米

♥ 体重：约800千克

♣ 生存时期：侏罗纪

♦ 化石发现地：中国、美国

翼手龙

翼手龙是一种会飞的爬行动物，它们不需要借助尾巴就能保持身体平衡，也能自由改变飞行姿态，这从侧面说明它们的飞行能力较强。

yì shǒu lóng shì yì zhǒng ròu shí xìng dòng wù zhǔ yào yǐ
翼手龙是一种肉食性动物,主要以
kūn chóng wéi shí yǒu xiē zhǒng lèi yě kě néng huì mì shí yú lèi
昆虫为食,有些种类也可能会觅食鱼类。
jiào qiáng de fēi xíng néng lì hé jiào gāo de líng huó xìng shǐ yì shǒu
较强的飞行能力和较高的灵活性使翼手
lóng jù bèi le zài fēi xíng zhōng bǔ shí de néng lì
龙具备了在飞行中捕食的能力。

恐龙档案

◆ 翼展:30厘米~70厘米

♥ 体重:不详

♣ 生存时期:侏罗纪

◆ 化石发现地:欧洲

沱江龙

tuó jiāng lóng cóng bó zi   bèi jǐ dào wěi bù zhǎng zhe sān jiǎo
沱江龙从脖子、背脊到尾部长着三角

xíng bèi bǎn   wěi ba mò duān zhǎng yǒu jiān cì   kě yòng yú dǐ yù liè
形背板，尾巴末端长有尖刺，可用于抵御猎

shí zhě
食者。

tuó jiāng lóng de bèi bǎn li kě néng yǒu fēng fù
沱江龙的背板里可能有丰富
de xuè guǎn　kě　yǐ bāng zhù tiáo jié　tǐ wēn
的血管，可以帮助调节体温。

恐龙档案

♠ 身长：约 7 米
♥ 体重：约 1 吨
♣ 生存时期：侏罗纪
◆ 化石发现地：中国

橡树龙

xiàng shù lóng shì yì zhǒng xiǎo xíng kǒn
橡 树 龙 是 一 种 小 型 恐
lóng tā men tóu bù jiào xiǎo jǐng bù jiào duǎn
龙 ， 它 们 头 部 较 小 ， 颈 部 较 短
shēn tǐ xì cháng
身 体 细 长 。

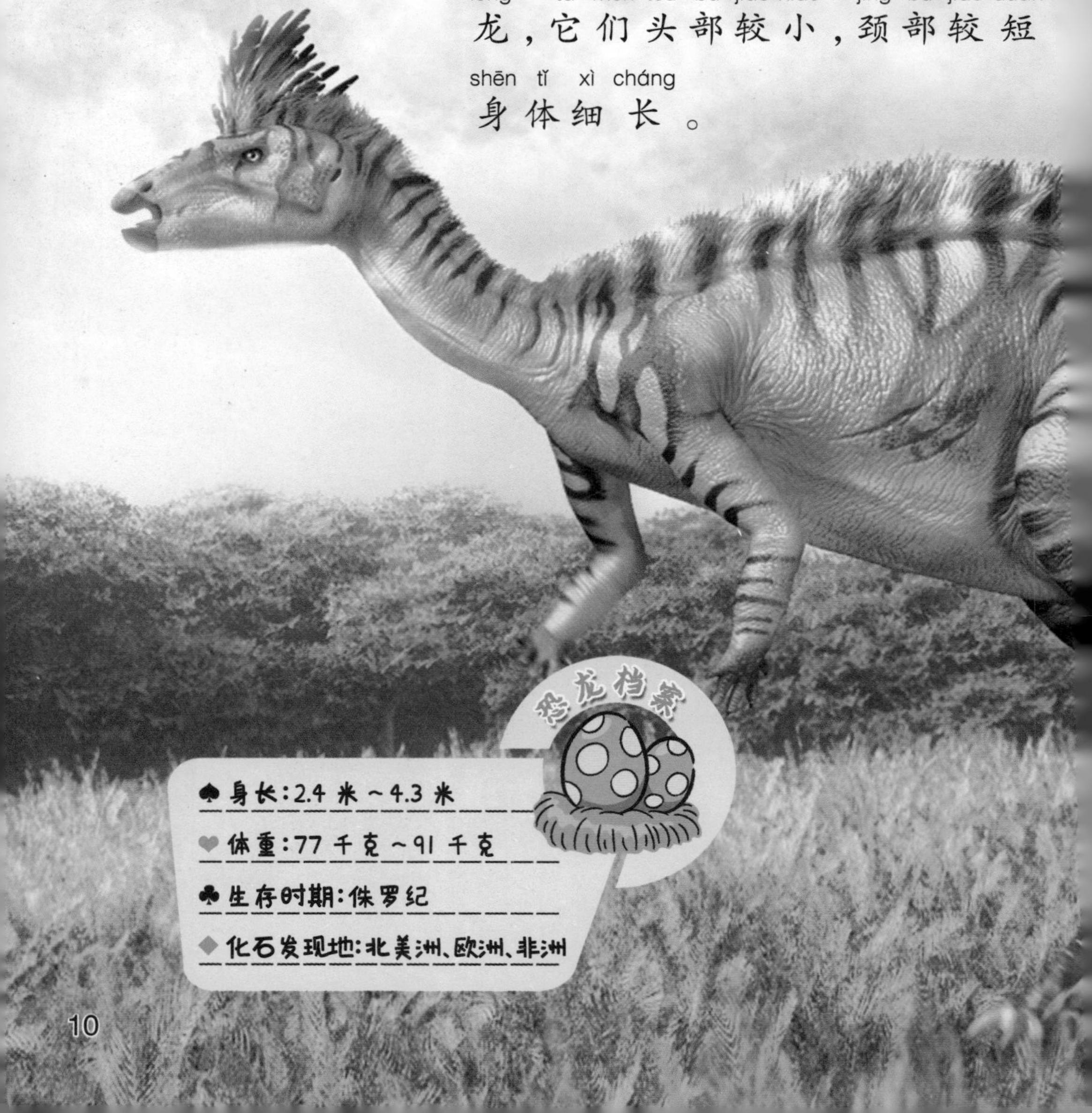

♠身长：2.4 米 ~ 4.3 米

♥体重：77 千克 ~ 91 千克

♣生存时期：侏罗纪

◆化石发现地：北美洲、欧洲、非洲

橡树龙后肢修长，且强壮有力，它们可以凭借后肢快速奔跑。在遭遇猎食者的袭击时，橡树龙会依靠速度优势摆脱猎食者的追击。

橡树龙尾巴长而坚挺，在奔跑的过程中，橡树龙会将尾巴平举在半空中，帮助身体保持平衡。

艾德玛龙

艾德玛龙是一种大型肉食性恐龙，可能与蛮龙有较近的亲缘关系。古生物学家根据它们的化石推测出艾德玛龙的身长可能与霸王龙相当。

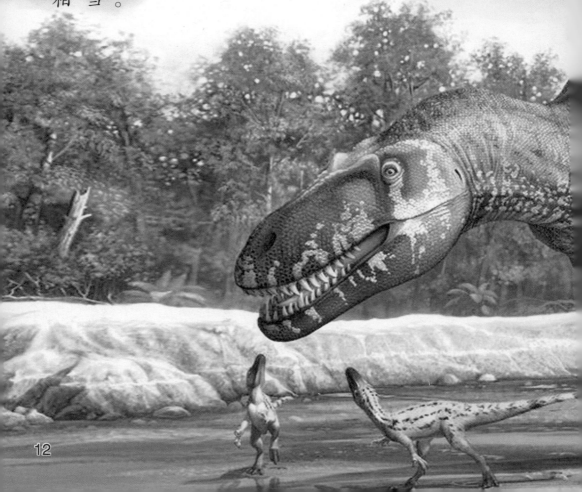

艾德玛龙性情残暴，凭借体形和力量优势，它们可以制伏绝大多数猎物，它们也因此成为了一方的霸主。

恐龙档案

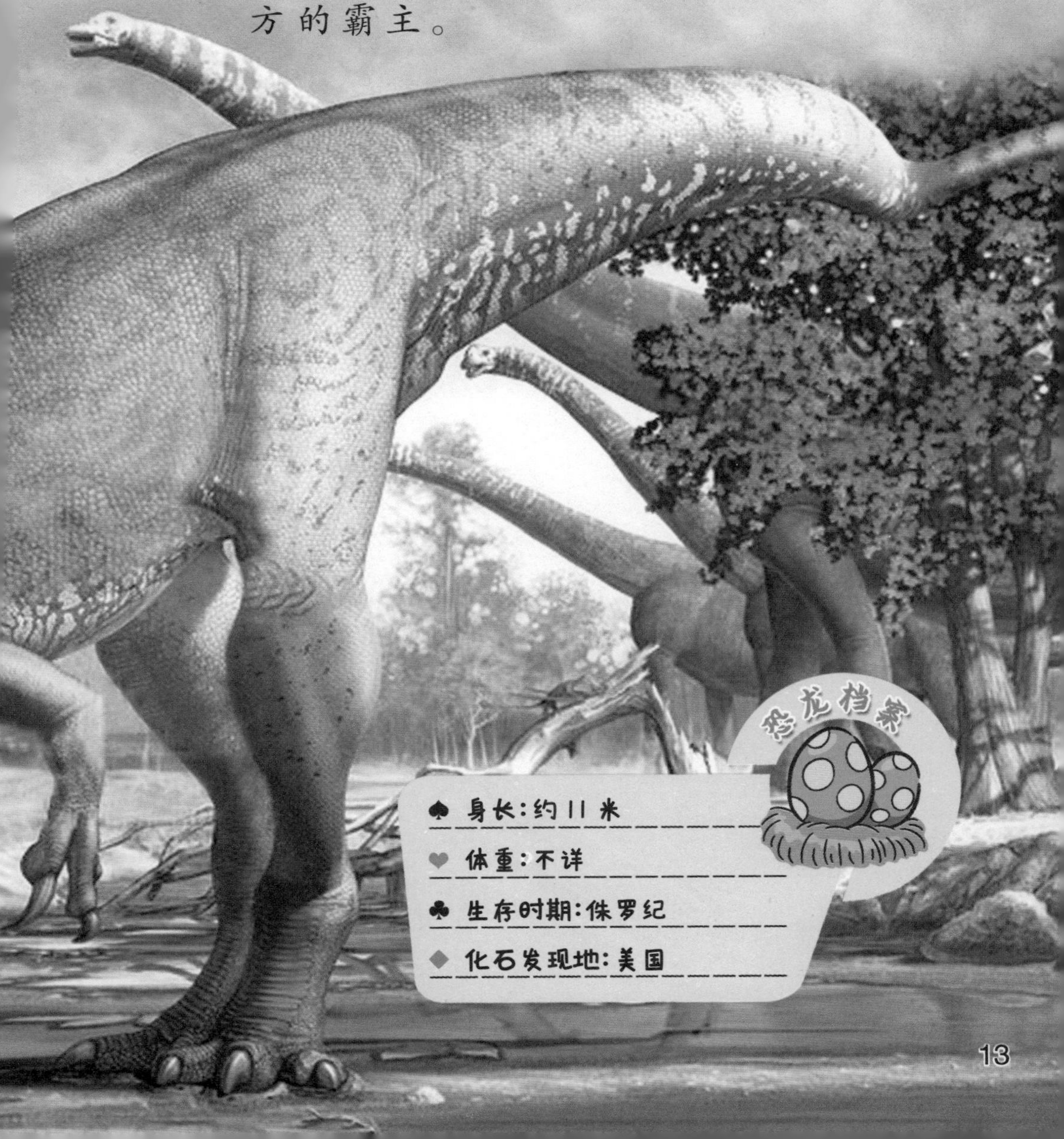

♠ 身长：约11米

♥ 体重：不详

♣ 生存时期：侏罗纪

◆ 化石发现地：美国

滑齿龙

在侏罗纪晚期的海洋中，几乎没有比滑齿龙更大的海洋生物，所以滑齿龙是这一时期海洋中的绝对霸主。

滑齿龙会利用嗅觉判断猎物的位置，然后埋伏在海底，利用长在头顶的眼睛观察猎物的活动，一旦时机成熟，滑齿龙便会猛地跃起发动突袭，捕获猎物。

♠ 身长:5 米~7 米

♥ 体重:约 2.5 吨

♣ 生存时期:侏罗纪

◆ 化石发现地:欧洲

恐龙档案

华阳龙

huá yáng lóng shì fā xiàn yú zhōng guó dì qū de jiàn lóng lèi kǒng lóng   zhè
华阳龙是发现于中国地区的剑龙类恐龙。这

zhǒng kǒng lóng jí qún shēng huó   ér qiě gè tǐ fáng yù néng lì hěn qiáng
种 恐龙集群生活,而且个体防御能力很强。

恐龙档案

♠ 身长:4 米 ~ 4.5 米

♥ 体重:1 吨 ~ 4 吨

♣ 生存时期:侏罗纪

◆ 化石发现地:中国

huá yáng lóng de yá chǐ chéng yè piàn zhuàng　néng gòu qiē
华阳龙的牙齿呈叶片状，能够切

duàn jiān yìng zhí wù　huá yáng lóng de kǒu qiāng nèi cè hái zhǎng yǒu
断坚硬植物。华阳龙的口腔内侧还长有

xì xiǎo de yá chǐ　shì yú jǔ jué jiān yìng de zhí wù
细小的牙齿，适于咀嚼坚硬的植物。

迷惑龙

mí huò lóng shì yì zhǒng dà xíng xī jiǎo lèi kǒng lóng shēn qū shí fēn
迷惑龙是一种大型蜥脚类恐龙，身躯十分

páng dà tā men zhǎng yǒu cháng bó zi cháng wěi ba hé hěn xiǎo de tóu bù
庞大，它们长有长脖子、长尾巴和很小的头部。

mí huò lóng páng dà
迷惑龙庞大

de shēn tǐ xū yào xiāo hào
的身体需要消耗

dà liàng de néng liàng yīn
大量的能量，因

恐龙档案

♠ 身长：21米～26米

♥ 体重：23吨～35吨

♣ 生存时期：侏罗纪

◆ 化石发现地：美国

比，它们必须花费大量的时间来进食，而且还要狼吞虎咽，这样才能填饱肚子。

迷惑龙的长尾巴可以保持身体平衡，还可以用来抽打猎食者。

蜀龙

最早的蜀龙化石发现于中国四川，因四川省的古名为"蜀"，故这种恐龙被命名为蜀龙。

dāng ròu shí xìng kǒng lóng gōng jī shǔ lóng shí   shǔ lóng jiù huì shuǎi dòng
当肉食性恐龙攻击蜀龙时，蜀龙就会甩动

tā men de wěi ba sǎo jī huò chōu dǎ duì shǒu
它们的尾巴扫击或抽打对手。

shǔ lóng shí liàng hěn dà   dàn tā men mì shí néng lì jiào qiáng   hái
蜀龙食量很大，但它们觅食能力较强，还

néng jìn xíng cháng tú qiān xǐ   suǒ yǐ   tā men zǒng néng zhǎo dào chōng zú
能进行长途迁徙，所以，它们总能找到充足

de shí wù
的食物。

恐龙档案

♠ 身长：10 米～12 米

♥ 体重：约 2.5 吨

♣ 生存时期：侏罗纪

◆ 化石发现地：中国

圆顶龙

圆顶龙的化石在美国被大量发现，这使其成为了北美洲最常见的恐龙之一。圆顶龙头骨向上突起呈拱形，因此被命名为圆顶龙。

与大多数蜥脚类恐龙相比，圆顶龙的脖子并不是很长，但它们的脖子比较粗壮，灵活性可能优于大多数蜥脚类恐龙。

恐龙档案

♠ 身长：7.5米~20米

♥ 体重：15吨~30吨

♣ 生存时期：侏罗纪

◆ 化石发现地：美国

yuán dǐng lóng zài cǎi shí zhí wù de yè zi shí
圆顶龙在采食植物的叶子时，
bìng bù jǔ jué　ér shì jiāng yè zi zhěng piàn tūn xià
并不咀嚼，而是将叶子整片吞下，
tā men huì tūn xià wèi shí lái bāng zhù xiāo huà
它们会吞下胃石来帮助消化。

图书在版编目(CIP)数据

恐龙大百科. 侏罗纪大本营 / 崔钟雷主编. -- 哈尔滨：黑龙江美术出版社，2021.7
ISBN 978-7-5593-7694-7

Ⅰ. ①恐… Ⅱ. ①崔… Ⅲ. ①恐龙 – 少儿读物 Ⅳ. ①Q915.864–49

中国版本图书馆 CIP 数据核字(2021)第 142983 号

书　　名 / 恐龙大百科　侏罗纪大本营
KONGLONG DA BAIKE ZHULUOJI DABENYING

出 品 人 / 于　丹
主　　编 / 崔钟雷
策　　划 / 钟　雷
副 主 编 / 姜丽婷　贾海娇
责任编辑 / 郭志芹
责任校对 / 张一墨
装帧设计 / 稻草人工作室
出版发行 / 黑龙江美术出版社
地　　址 / 哈尔滨市道里区安定街 225 号
邮政编码 / 150016
发行电话 / (0451)55174988
经　　销 / 全国新华书店
印　　刷 / 日照教科印刷有限公司
开　　本 / 720mm×894mm　1/32
印　　张 / 9
字　　数 / 70 千字
版　　次 / 2021 年 7 月第 1 版
印　　次 / 2021 年 7 月第 1 次印刷
书　　号 / ISBN 978-7-5593-7694-7
定　　价 / 180.00 元(全十二册)

本书如发现印装质量问题，请直接与印刷厂联系调换。

恐龙大百科

白垩纪大搜罗

崔钟雷　主编

黑龙江美术出版社

薄片龙

báo piàn lóng shì yì zhǒng shēng huó zài hǎi yáng zhōng de pá xíng dòng
薄片龙是一种生活在海洋中的爬行动

wù shì wǎn qī shé jǐng lóng lèi de dài biǎo
物，是晚期蛇颈龙类的代表。

báo piàn lóng de yàng zi shí fēn gǔ guài
薄片龙的样子十分古怪，

tā men de bó zi hěn cháng cháng dù jī hū
它们的脖子很长，长度几乎

zhàn zhěng gè shēn cháng de yí bàn
占整个身长的一半。

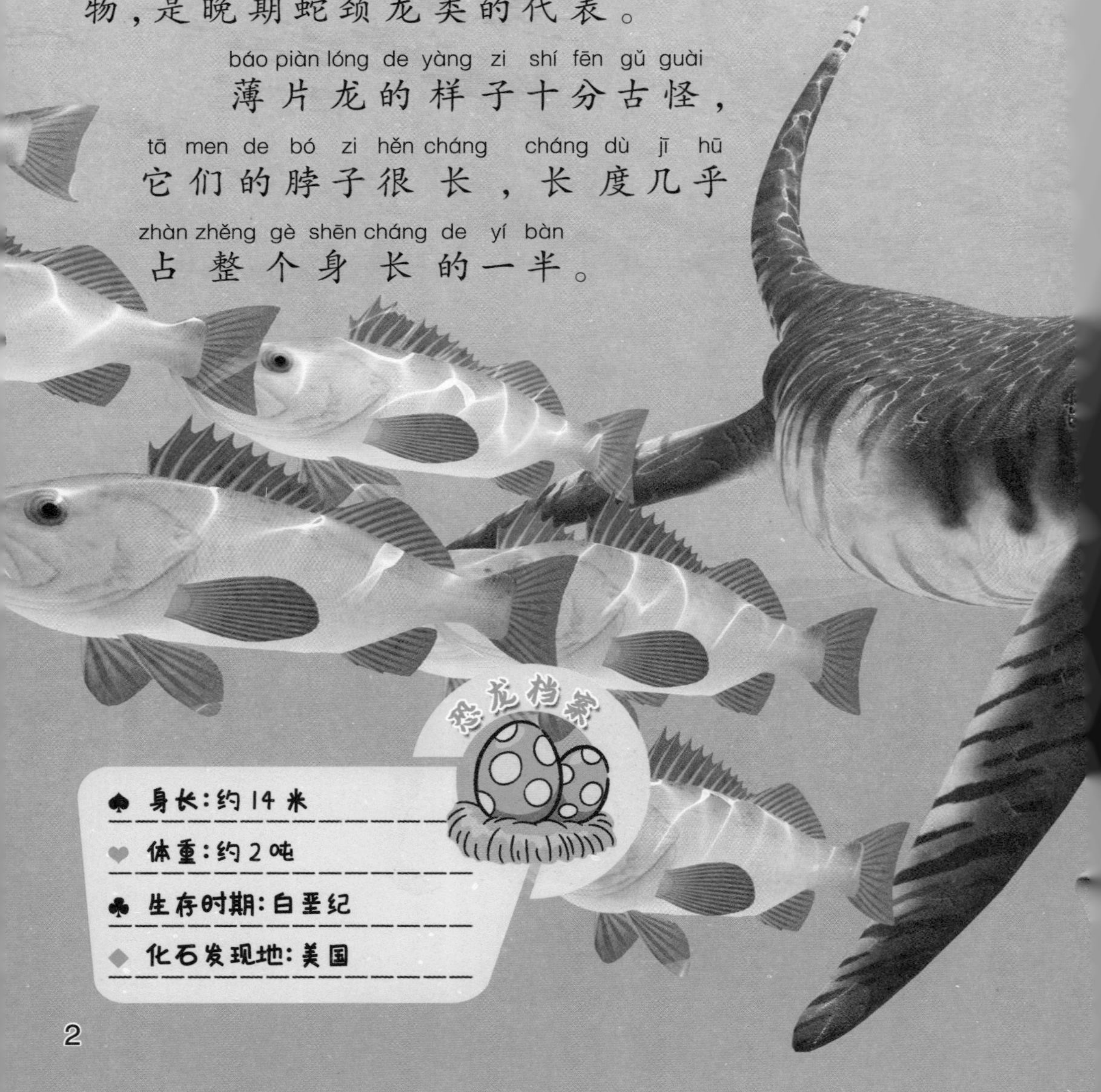

恐龙档案

♠ 身长：约14米

♥ 体重：约2吨

♣ 生存时期：白垩纪

◆ 化石发现地：美国

báo piàn lóng tǐ xíng jù
薄片龙体形巨

dà shēn tǐ hěn báo zhǎng yǒu
大，身体很薄，长有

jiān jiān de wěi ba báo piàn lóng zhǔ yào yī kào sì gè xiàng
尖尖的尾巴，薄片龙主要依靠四个像

jiǎng yí yàng de qí zhuàng zhī zài shuǐ zhōng yóu dòng
桨一样的鳍状肢在水中游动。

báo piàn lóng zhǔ yào shēng huó zài kāi fàng xìng hǎi yù tā men
薄片龙主要生活在开放性海域，它们

hěn yǒu kě néng huì xiàng xiàn zài de hǎi shé yí yàng zhí jiē zài hǎi
很有可能会像现在的海蛇一样，直接在海

zhōng chǎn luǎn
中产卵。

羽王龙

yǔ wáng lóng shì yì zhǒng zhǎng yǔ máo de ròu shí xìng
羽王龙是一种 长羽毛的肉食性

kǒng lóng tā men de tóu bù jù dà shēn qū xiū cháng yǔ
恐龙，它们的头部巨大，身躯修长。羽

wáng lóng néng gòu píng jiè qiáng zhuàng yǒu lì de hòu zhī kuài
王龙能够凭借强 壮 有力的后肢快

sù bēn pǎo qián zhǎo kě yòng lái zhuā qǔ liè
速奔跑，前爪可用来抓取猎

wù huò fǔ zhù jìn shí
物或辅助进食。

恐龙档案

- ♠ 身长：约 8 米
- ♥ 体重：约 1.4 吨
- ♣ 生存时期：白垩纪
- ◆ 化石发现地：中国

5

顶棘龙

顶棘龙是一种大型肉食性恐龙，它们背上长有帆状物，这是其最突出的外形特征，也是其得名原因。

顶棘龙身体强壮，生性凶猛，是其生存地区的优势物种，具有非常明显的生存优势。

♠ 身长：约8米

♥ 体重：约1.5吨

♣ 生存时期：白垩纪

♦ 化石发现地：欧洲

6

dǐng jí lóng qián zhī shang zhǎng yǒu fēng lì de zhǐ zhǎo néng gòu láo láo zhuā
顶棘龙前肢上 长有锋利的指爪，能够牢牢抓

zhù liè wù shì tā men bǔ shí de lì qì dǐng jí lóng yǐ hòu zú zháo dì de fāng
住猎物，是它们捕食的利器。顶棘龙以后足着地的方

shì xíng zǒu tā men de hòu zhī qiáng zhuàng yǒu lì néng gòu zhī chēng shēn tǐ bìng
式行走，它们的后肢强 壮有力，能够支撑 身体并

kuài sù bēn pǎo
快速奔跑。

葬火龙

葬火龙的头顶长有冠状物，这是其最明显的外形特征。葬火龙的冠状物很可能具有鲜艳的颜色，以作为视觉展示物，冠状物也可能有区别不同种类和个体的作用。

zàng huǒ lóng suī rán shì cóng ròu shí xìng kǒng lóng yǎn huà ér lái de dàn
葬火龙虽然是从肉食性恐龙演化而来的，但
tā men kě néng shì yì zhǒng zá shí xìng kǒng lóng
它们可能是一种杂食性恐龙。

恐龙档案

♠ 身长：约3米

♥ 体重：不详

♣ 生存时期：白垩纪

◆ 化石发现地：蒙古国

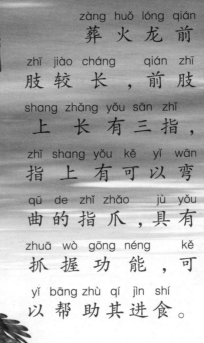

zàng huǒ lóng qián
葬火龙前
zhī jiào cháng qián zhī
肢较长，前肢
shang zhǎng yǒu sān zhǐ
上长有三指，
zhǐ shang yǒu kě yǐ wān
指上有可以弯
qū de zhǐ zhǎo jù yǒu
曲的指爪，具有
zhuā wò gōng néng kě
抓握功能，可
yǐ bāng zhù qí jìn shí
以帮助其进食。

9

矮暴龙

矮暴龙是一种小型暴龙类恐龙，看起来就
缩小版的霸王龙。矮暴龙体形虽小，但性情凶
暴，它们主要以大型植食性恐龙为食。

有时，矮暴龙会以其他种类恐龙的幼崽为食
减小生存压力。

ǎi bào lóng xíng dòng shí fēn líng huó　fā xiàn liè wù shí　ǎi bào lóng huì
矮暴龙行动十分灵活，发现猎物时，矮暴龙会

uài sù bēn pǎo zhuī zhú liè wù　zhí zhì zhuī dào liè wù bìng jiāng qí shā sǐ
快速奔跑追逐猎物，直至追到猎物并将其杀死。

yǒu shí　　ǎi bào lóng huì　jí chéng xiǎo
有时，矮暴龙会集成小

ıún tǐ bǔ shí　yǐ tí gāo
群体捕食，以提高

bǔ shí chéng gōng lǜ
捕食成功率。

恐龙档案

♠ 身长:5米～7米

♥ 体重:约1吨

♣ 生存时期:白垩纪

◆ 化石发现地:美国

11

玛君龙

玛君龙性情凶猛残暴，擅长偷袭和猛扑，这样的捕食方式与现代猫科动物相似。在无法依靠力量制伏猎物的时候，玛君龙会持续攻击猎物的薄弱部位，直到猎物失去反抗能力。

mǎ jūn lóng de wěi ba jiào cháng   qiě shí fēn qiáng zhuàng   néng zài mǎ
玛君龙的尾巴较长，且十分强 壮 ，能在玛

jūn lóng kuài sù bēn pǎo de guò chéng zhōng bǎo chí shēn tǐ píng héng
君龙快速奔跑的过程 中保持身体平衡。

13

阿根廷龙

阿根廷龙化石的发现改变了人们对传统蜥脚类恐龙的认识，证明了蜥脚类恐龙不仅仅存在于侏罗纪时期，这对研究远古地理、古气候和板块漂移很有帮助。

恐龙档案

- ♠ 身长：约35米
- ♥ 体重：60吨～88吨
- ♣ 生存时期：白垩纪
- ◆ 化石发现地：阿根廷

páng dà de shēn qū jué dìng le ā gēn tíng lóng zhǐ néng yǐ sì zú
庞大的身躯决定了阿根廷龙只能以四足

zháo dì de fāng shì xíng zǒu zhè yàng sì zhī kě yǐ píng jūn fēn dān qí
着地的方式行走,这样,四肢可以平均分担其

jù dà de zhòng liàng
巨大的重量。

ā gēn tíng lóng de bó zi jiào cháng qiě shí fēn cū zhuàng kě yǐ
阿根廷龙的脖子较长,且十分粗壮,可以

cǎi shí dào gāo chù de shù yè ā gēn tíng lóng de zuǐ hěn dà jìn shí xiào
采食到高处的树叶。阿根廷龙的嘴很大,进食效

lǜ jiào gāo
率较高。

巨龙

jù lóng yòu jiào tài tǎn jù lóng　tā men
巨龙又叫泰坦巨龙，它们

jìn shí xiào lǜ piān dī　tā men
进食效率偏低，它们

měi tiān xū yào huā fèi dà
每天需要花费大

liàng de shí jiān jìn shí
量的时间进食。

恐龙档案

♠ 身长：9米～12米

♥ 体重：约13吨

♣ 生存时期：白垩纪

◆ 化石发现地：阿根廷

jù lóng sì zhī qiáng zhuàng qián zhī cháng yú hòu zhī
巨龙四肢强 壮 ，前肢长于后肢。

jù lóng de pí fū shang zhǎng yǒu xiǎo ér jiān yìng de lín piàn
巨龙的皮肤上 长有小而坚硬的鳞片，

néng gòu zài yí dìng chéng dù shang bǎo hù shēn tǐ miǎn shòu
能够在一定程度上保护身体免受

shāng hài
伤害。

jù lóng bù tiāo shí gāo dà shù mù de zhī yè hé tiē jìn dì biǎo de
巨龙不挑食，高大树木的枝叶和贴近地表的

dī ǎi zhí wù dōu shì tā men de pán zhōng cān jù lóng shì qún tǐ shēng
低矮植物都是它们的"盘中餐"。巨龙是群体 生

huó de kǒng lóng tā men yòng qún tǐ de lì liàng dǐ yù liè shí zhě
活的恐龙，它们用群体的力量抵御猎食者。

17

盔龙

盔龙体形较大，身长与一辆公共汽车相近。盔龙头顶长有一个特殊的头冠，这是其主要特征。

kuī lóng de tóu guān kě yǐ fā chū shēng yīn　néng gòu yǔ zì jǐ de tóng
盔龙的头冠可以发出声音，能够与自己的同
bàn gōu tōng huò shì zài wēi jí shí kè xià pǎo liè shí zhě　xióng xìng kuī lóng de
伴沟通或是在危急时刻吓跑猎食者。雄性盔龙的
tóu guān yào bǐ cí xìng kuī lóng de tóu guān gèng dà yì xiē
头冠要比雌性盔龙的头冠更大一些。

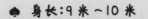
盔龙档案

- ♠ 身长：9米～10米
- ♥ 体重：2.8吨～4.1吨
- ♣ 生存时期：白垩纪
- ♦ 化石发现地：美国、加拿大

kuī lóng qián zhī
盔龙前肢
duǎn xiǎo　hòu zhī cū
短小，后肢粗
dà　wěi ba yòu cū yòu
大，尾巴又粗又
cháng　néng gòu zài bēn
长，能够在奔
pǎo shí bǎo chí shēn tǐ
跑时保持身体
píng héng
平衡。

南方巨兽龙

nán fāng jù shòu lóng shì mù qián yǐ zhī de shēn cháng dì èr tǐ zhòng
南方巨兽龙是目前已知的身长第二、体重

dì sān de ròu shí xìng kǒng lóng   nán fāng jù shòu lóng de tǐ zhòng xiāng dāng yú
第三的肉食性恐龙。南方巨兽龙的体重相当于

gè chéng nián rén de tǐ zhòng zhī hé
125个成年人的体重之和。

nán fāng jù shòu lóng kě yǐ píng jiè tǐ xíng hé lì
南方巨兽龙可以凭借体形和力

liàng yōu shì bǔ shí dà duō shù liè wù   duō shù liè wù
量优势捕食大多数猎物，多数猎物

wú fǎ cóng nán fāng jù shòu lóng de zhì mìng gōng
无法从南方巨兽龙的致命攻

jī zhōng táo shēng
击中逃生。

恐龙档案

- ♠ 身长：12米~14.5米
- ♥ 体重：7吨~12.5吨
- ♣ 生存时期：白垩纪
- ◆ 化石发现地：阿根廷

葡萄园龙

葡萄园龙是恐龙中不折不扣的"高个子",它们个头很高,而且还长有长长的脖子和尾巴。

恐龙档案

♠ 身长：约15米

♥ 体重：不详

♣ 生存时期：白垩纪

◆ 化石发现地：法国

23

图书在版编目(CIP)数据

恐龙大百科. 白垩纪大搜罗 / 崔钟雷主编. -- 哈尔
滨：黑龙江美术出版社，2021.7
ISBN 978-7-5593-7694-7

Ⅰ. ①恐… Ⅱ. ①崔… Ⅲ. ①恐龙 – 少儿读物 Ⅳ.
①Q915.864–49

中国版本图书馆 CIP 数据核字(2021)第 141654 号

书　　名 / 恐龙大百科　　白垩纪大搜罗
KONGLONG DA BAIKE BAI'EJI DA SOULUO

出 品 人 / 于　丹
主　　编 / 崔钟雷
策　　划 / 钟　雷
副 主 编 / 姜丽婷　贾海娇
责任编辑 / 郭志芹
责任校对 / 张一墨
装帧设计 / 稻草人工作室
出版发行 / 黑龙江美术出版社
地　　址 / 哈尔滨市道里区安定街 225 号
邮政编码 / 150016
发行电话 / (0451)55174988
经　　销 / 全国新华书店
印　　刷 / 日照教科印刷有限公司
开　　本 / 720mm×894mm　1/32
印　　张 / 9
字　　数 / 70 千字
版　　次 / 2021 年 7 月第 1 版
印　　次 / 2021 年 7 月第 1 次印刷
书　　号 / ISBN 978-7-5593-7694-7
定　　价 / 180.00 元(全十二册)

本书如发现印装质量问题，请直接与印刷厂联系调换。

恐龙大百科
白垩纪大家族

崔钟雷　主编

黑龙江美术出版社

古海龟

gǔ hǎi guī yòu bèi chēng wéi gǔ jù guī dì guī zǔ guī chéng nián gǔ
古海龟又被称为古巨龟、帝龟、祖龟，成年古

hǎi guī de shēn tǐ dà xiǎo yǔ yí liàng xiǎo jiào chē xiāng dāng shì dāng shí dì qiú
海龟的身体大小与一辆小轿车相当，是当时地球

shang tǐ xíng zuì dà de hǎi guī
上体形最大的海龟。

gǔ hǎi guī bèi bù lóng qǐ fù bù
古海龟背部隆起，腹部

biǎn píng sì zhī chéng jiǎng zhuàng wěi
扁平，四肢呈桨状，尾

ba hěn duǎn gǔ hǎi guī de shēn tǐ wài
巴很短。古海龟的身体外

bù bāo guǒ zhe jiān yìng de gǔ zhì jié gòu　néng gòu bǎo hù tā men de shēn tǐ
部包裹着坚硬的骨质结构，能够保护它们的身体

niǎn zāo liè shí zhě gōng jǐ
免遭猎食者攻击。

gǔ hǎi guī de tóu　wěi　sì zhī wú fǎ suō rù gǔ zhì jié gòu zhōng
古海龟的头、尾、四肢无法缩入骨质结构中，

zhè shì tā men yǔ xiàn jīn hǎi guī de míng xiǎn qū bié
这是它们与现今海龟的明显区别。

gǔ hǎi guī bìng bù tiāo shí　yú　ruǎn tǐ dòng wù　fǔ
古海龟并不挑食，鱼、软体动物、腐

ròu　zhí wù dōu kě néng chéng wéi tā men de shí wù
肉、植物都可能成为它们的食物。

恐龙档案

♠ 身长：3.5米～4.6米

♥ 体重：1.2吨～2.3吨

♣ 生存时期：白垩纪

◆ 化石发现地：欧洲

3

无齿翼龙

wú chǐ yì lóng shì yì zhǒng
无齿翼龙是一种

huì fēi de pá xíng dòng wù　　tā men
会飞的爬行动物，它们

tóu bù hěn dà　　　huì zhuàng zuǐ hěn
头部很大，喙状嘴很

cháng　　wěi ba hěn duǎn
长，尾巴很短。

恐龙档案

- ♠ 翼展:7米～9米
- ♥ 体重:约15千克
- ♣ 生存时期:白垩纪
- ◆ 化石发现地:英国、美国

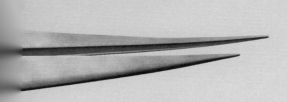

wú chǐ yì lóng shēng huó zài
无齿翼龙 生活在

hǎi biān de yán shí qiào bì shang
海边的岩石峭壁上，

zhǔ yào yǐ yú lèi wéi shí　cǐ wài　wú chǐ yì lóng hái shí yòng ruǎn tǐ dòng
主要以鱼类为食。此外，无齿翼龙还食用软体动

wù　páng xiè　kūn chóng děng
物、螃蟹、昆虫等。

wú chǐ yì lóng méi yǒu yá chǐ　dàn tā men huì lì
无齿翼龙没有牙齿，但它们会利

yòng fēng lì de huì zhuàng zuǐ bǔ shí　zài bǔ zhuō dào liè
用锋利的喙状嘴捕食。在捕捉到猎

wù hòu　tā men yì bān huì jiāng liè wù zhí jiē tūn xià
物后，它们一般会将猎物直接吞下。

虐龙

nüè lóng shì yì zhǒng dà xíng kǒng lóng　　tā men kǒu bí bù jiào shēn　　tóu
虐龙是一种大型恐龙，它们口鼻部较深，头
gǔ yòu hòu yòu dà　　zuǐ ba hěn dà　　zuǐ li zhǎng yǒu fēng lì de yá chǐ　　nüè
骨又厚又大，嘴巴很大，嘴里长有锋利的牙齿。虐
lóng tóu bù shí fēn líng huó　　kě yǐ dà fú dù zhuàn dòng yǐ guān chá sì zhōu
龙头部十分灵活，可以大幅度转动以观察四周
qíng kuàng
情况。

恐龙档案

♠ 身长：约9米

♥ 体重：约1吨

♣ 生存时期：白垩纪

◆ 化石发现地：美国

nüè lóng qián zhī duǎn xiǎo　　zhǎng yǒu liǎng zhǐ　　zài bǔ shí shí néng qǐ dào
虐龙前肢短小，长有两指，在捕食时能起到

gù dìng liè wù de zuò yòng　　nüè lóng hòu zhī qiáng zhuàng yǒu lì　　tā men kě
固定猎物的作用。虐龙后肢强 壮 有力，它们可

píng jiè hòu zhī kuài sù bēn pǎo zhuī gǎn liè wù
凭借后肢快速奔跑追赶猎物。

nüè lóng zhǎng yǒu yì tiáo
虐龙长有一条

yòu cū yòu cháng de wěi ba　　zài
又粗又长的尾巴，在

kuài sù bēn pǎo shí　　wěi ba kě
快速奔跑时，尾巴可

yǐ qǐ dào bǎo chí shēn tǐ píng
以起到保持身体平

héng de zuò yòng
衡的作用。

阿马加龙

āmǎ jiā lóng zhǎng yǒu gāo gāo lóng qǐ de fān zhuàng wù　fān zhuàng wù cóng
阿马加龙长有高高隆起的帆状物,帆状物从

jǐng bù jīng guò bèi bù　yì zhí yán shēn dào tún bù　zài jǐng bù dá dào zuì gāo　zhì
颈部经过背部,一直延伸到臀部,在颈部达到最高,至

tún bù gāo dù zhú jiàn jiàng dī
臀部高度逐渐降低。

♠ 身长:9米~10米

♥ 体重:不详

♣ 生存时期:白垩纪

◆ 化石发现地:阿根廷

8

ā mǎ jiā lóng de bó zi
阿马加龙的脖子
hěn cháng bó zi de cháng dù jī
很长，脖子的长度几
hū shì shēn qū de bèi ā
乎是身躯的1.3倍。阿
mǎ jiā lóng de wěi ba yě hěn
马加龙的尾巴也很
cháng kě yǐ zài xíng zǒu shí bǎo
长，可以在行走时保
chí shēn tǐ píng héng
持身体平衡。

ā mǎ jiā lóng yǐ sì zú zháo dì
阿马加龙以四足着地
de fāng shì xíng zǒu dàn tā men yě néng
的方式行走，但它们也能
yòng hòu zú zhàn lì
用后足站立。

9

二连巨盗龙

二连巨盗龙是一种类鸟恐龙，身上可能长有长长的羽毛。

类鸟恐龙的身形一般较小，但是二连巨盗龙却进化出了较大的身形。二连巨盗龙的脊椎内部有海绵状结构，这能有效减轻它们的体重。

èr lián jù dào lóng kě néng shì
二连巨盗龙可能是
yì zhǒng zá shí xìng kǒng lóng tā men
一种杂食性恐龙，它们
néng yǐ zhí wù wéi shí tóng shí yòu néng
能以植物为食，同时又能
píng jiè sù dù yōu shì bǔ shí xiǎo xíng
凭借速度优势捕食小型
dòng wù
动物。

恐龙档案

♠ 身长：约8米

♥ 体重：约1.4 吨

♣ 生存时期：白垩纪

◆ 化石发现地：中国

11

尾羽龙

尾羽龙很可能是一种杂食性恐龙，它们生活在海滨和河岸附近。尾羽龙长有喙状嘴，它们的喙状嘴十分锋利，能够咬断坚硬的植物。

尾羽龙后肢很长，且强壮有力，它们可能会快速奔跑追赶猎物。

wěi yǔ lóng de wài xíng yǔ huǒ jī hěn xiàng   tā men quán shēn fù gài zhe
尾羽龙的外形与火鸡很像，它们全身覆盖着

yǔ máo   wěi ba shang hái zhǎng yǒu yǔ shàn
羽毛，尾巴上还长有羽扇。

wěi yǔ lóng de yǔ máo hěn kě néng jù yǒu xiān yàn de yán sè   yīn cǐ
尾羽龙的羽毛很可能具有鲜艳的颜色，因此，

yǔ máo kě néng shì xī yǐn yì xìng de gōng jù
羽毛可能是吸引异性的工具。

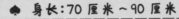

恐龙档案

♠ 身长：70厘米~90厘米

♥ 体重：约10千克

♣ 生存时期：白垩纪

◆ 化石发现地：中国

独龙

独龙是一种暴龙类恐龙，与其他暴龙类恐龙的长相接近，但其体形偏小。独龙总是单独捕食，被称为"孤独的猎食者"。

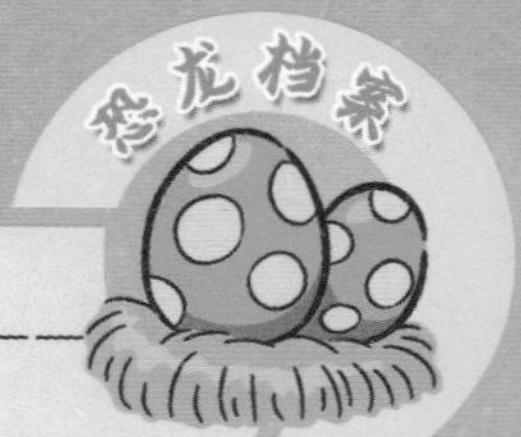

独龙喜欢单独生活，它们可能有领地意识。

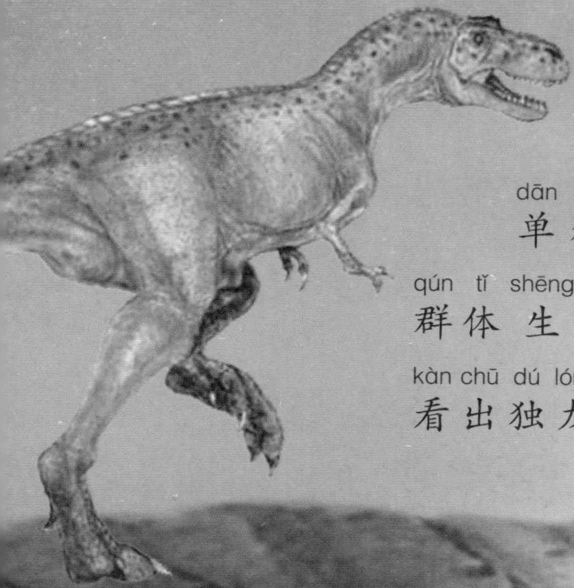

恐龙档案

- ♠ 身长：约5米
- ♥ 体重：不详
- ♣ 生存时期：白垩纪
- ◆ 化石发现地：中国、蒙古国

单独捕食的独龙有时会袭击群体生活的恐龙，从这一点足以看出独龙的捕食能力之强。

14

鲨齿龙

鲨齿龙曾是非洲的顶级猎食者。鲨齿龙头部宽大，但头骨较轻。它们嘴部很大，嘴中长满了锋利的牙齿，最长的牙齿可能超过20厘米。鲨齿龙的牙齿形状与噬人鲨的牙齿形状十分相似，它们因此而得名。

鲨齿龙的牙齿十分锋利，但是薄

rú dāo piàn nán yǐ yǎo chuān liè wù de gǔ tou yīn cǐ shā chǐ lóng huì lì
如刀片，难以咬穿猎物的骨头，因此，鲨齿龙会利

yòng yá chǐ bú duàn gōng jī liè wù de bó ruò bù wèi zhì shǐ liè wù shī xuè
用牙齿不断攻击猎物的薄弱部位，致使猎物失血

guò duō ér sǐ cóng ér liè shí tā men
过多而死，从而猎食它们。

恐龙档案

♠ 身长：11米～14米

♥ 体重：6吨～11.5吨

♣ 生存时期：白垩纪

◆ 化石发现地：非洲

17

食肉牛龙

食肉牛龙又名牛龙，是一种生存于南美洲的肉食性恐龙。食肉牛龙长有长脖子、强壮的胸部和细长的尾巴。食肉牛龙是跑得最快的肉食性恐龙之一，据推测，它们的奔跑速度能够达到50千米/时。

shí ròu niú lóng de tóu bù suī xiǎo　dàn shì qí kǒu bí bù hěn dà　zhè
食肉牛龙的头部虽小，但是其口鼻部很大，这

xiǎn shì tā men kě néng yǒu shí fēn fā dá de xiù jué qì guān
显示它们可能有十分发达的嗅觉器官。

shí ròu niú lóng de jiǎo zhǎng zài tóu dǐng　shí fēn jiān yìng　kě zuò wéi qiú
食肉牛龙的角长在头顶，十分坚硬，可作为求

ǒu shí kǒng hè duì shǒu de gōng jù　yě kě zuò wéi dǐ yù qiáng dà dí rén de
偶时恐吓对手的工具，也可作为抵御强大敌人的

wǔ qì
武器。

阿拉摩龙

阿拉摩龙是较晚进化出的一种恐龙，也是最后一种蜥脚类恐龙。阿拉摩龙体形庞大，食量很大，它们一天能吃下约一吨重的树叶。阿拉摩龙尾巴细长，在遇到猎食者袭击的时候，阿拉摩龙会甩动它们的尾巴抽打猎食者。

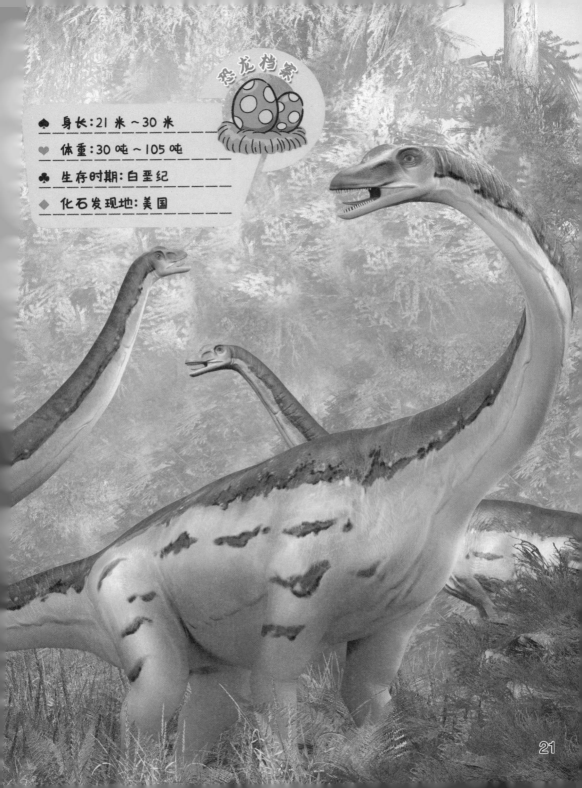

♠ 身长：21 米～30 米

♥ 体重：30 吨～105 吨

♣ 生存时期：白垩纪

◆ 化石发现地：美国

沧龙

沧龙是一种肉食性海生爬行动物，种类繁多，且大小不一。在白垩纪时期，沧龙曾经遍布世界各大洋。

沧龙的身体呈长筒状，四肢已特化成鳍状。沧龙出现较晚，但其在短时间内迅速繁衍，成为了中生代末期海洋的主宰者。

恐龙档案

♠ 身长：3 米～21 米
♥ 体重：最大 33 吨
♣ 生存时期：白垩纪
◆ 化石发现地：荷兰

cāng lóng néng tōng guò liè wù fā chū de shēng yīn biàn bié liè wù de
沧龙能通过猎物发出的声音辨别猎物的

fāng wèi bìng yī kào tā men de bào fā lì lái bǔ shí
方位，并依靠它们的爆发力来捕食

liè wù dàn cāng lóng bìng bú shàn cháng
猎物。但沧龙并不擅长

cháng shí jiān kuài sù zhuī zhú
长时间快速追逐。

23

图书在版编目(CIP)数据

恐龙大百科. 白垩纪大家族 / 崔钟雷主编. —— 哈尔滨：黑龙江美术出版社，2021.7
ISBN 978-7-5593-7694-7

Ⅰ. ①恐… Ⅱ. ①崔… Ⅲ. ①恐龙 – 少儿读物 Ⅳ.
①Q915.864–49

中国版本图书馆 CIP 数据核字(2021)第 141652 号

书　　名/ **恐龙大百科　白垩纪大家族**
KONGLONG DA BAIKE BAI'EJI DA JIAZU

出 品 人/ 于　丹
主　　编/ 崔钟雷
策　　划/ 钟　雷
副 主 编/ 姜丽婷　贾海娇
责任编辑/ 郭志芹
责任校对/ 张一墨
装帧设计/ 稻草人工作室
出版发行/ 黑龙江美术出版社
地　　址/ 哈尔滨市道里区安定街 225 号
邮政编码/ 150016
发行电话/ (0451)55174988
经　　销/ 全国新华书店
印　　刷/ 日照教科印刷有限公司
开　　本/ 720mm×894mm　1/32
印　　张/ 9
字　　数/ 70 千字
版　　次/ 2021 年 7 月第 1 版
印　　次/ 2021 年 7 月第 1 次印刷
书　　号/ ISBN 978-7-5593-7694-7
定　　价/ 180.00 元(全十二册)

本书如发现印装质量问题，请直接与印刷厂联系调换。

恐龙大百科

白垩纪大探险

崔钟雷　主编

黑龙江美术出版社

单爪龙

单爪龙是一种体态轻盈的恐龙，它们骨骼很轻，后腿修长而有力，长尾巴能够自由摆动。

dān zhǎo lóng qián zhī shang zhǐ yǒu yí gè zhǐ　　tā men yīn cǐ dé míng
单爪龙前肢上只有一个指，它们因此得名。
dān zhǎo lóng huì zài guǎng kuò de píng dì shang xún zhǎo yǐ xué　　zhǎo dào yǐ xué
单爪龙会在广阔的平地上寻找蚁穴，找到蚁穴
hòu　dān zhǎo lóng huì yòng duǎn ér yǒu lì de qián zhī wā kāi yǐ xué　　chī lǐ
后，单爪龙会用短而有力的前肢挖开蚁穴，吃里
miàn de mǎ yǐ
面的蚂蚁。

恐龙档案

♠ 身长：约1米

♥ 体重：不详

♣ 生存时期：白垩纪

◆ 化石发现地：蒙古国

3

天宇龙

tiān yǔ lóng shēn tǐ xiū cháng　quán shēn dà bù fen bèi yǔ máo fù
天宇龙身体修长，全身大部分被羽毛覆
gài　tā men tóu bù jiào xiǎo　wěi ba hěn cháng　zuǐ zhōng zhǎng yǒu yí
盖。它们头部较小，尾巴很长，嘴中长有一
duì lèi sì quǎn chǐ de yá chǐ
对类似犬齿的牙齿。

gǔ shēng wù xué jiā tuī cè　tiān yǔ lóng kě néng shì yì zhǒng zá
古生物学家推测，天宇龙可能是一种杂
shí xìng kǒng lóng　tā men huì yǐ zhí wù hé xiǎo xíng dòng wù wéi shí
食性恐龙，它们会以植物和小型动物为食。

恐龙档案

♠ 身长：约70厘米

♥ 体重：不详

♣ 生存时期：白垩纪

◆ 化石发现地：中国

无鼻角龙

无鼻角龙是一种角龙类恐龙。最初，古生物学家没有找到无鼻角龙的鼻角，因此将这种恐龙命名为无鼻角龙。但后来，古生物学家发现无鼻角龙长有鼻角，只是它们的鼻角比其他角龙类恐龙的鼻角短且钝。

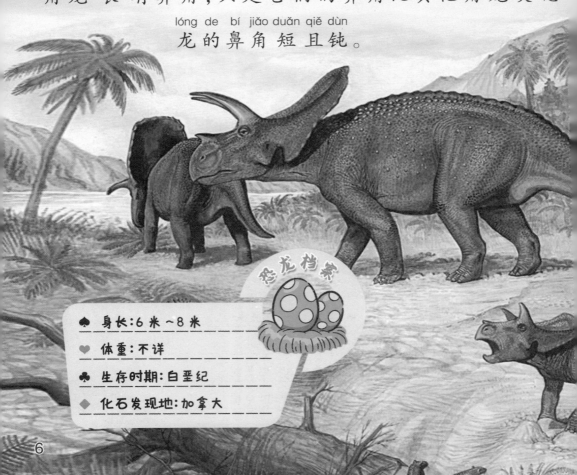

恐龙档案

- ♠ 身长:6米~8米
- ♥ 体重:不详
- ♣ 生存时期:白垩纪
- ◆ 化石发现地:加拿大

6

wú bí jiǎo lóng zhǔ yào yǐ jué lèi sū
无鼻角龙主要以蕨类、苏

tiě kē sōng kē zhí wù wéi shí wú bí jiǎo
铁科、松科植物为食，无鼻角

lóng néng gòu yòng fēng lì de huì zhuàng
龙能够用锋利的喙状

zuǐ qiē duàn zhí wù de yè zi
嘴切断植物的叶子。

皱褶龙

zhòu zhě lóng shì yì zhǒng zhōng xíng ròu shí xìng kǒng lóng
皱褶龙是一种中型肉食性恐龙，

tā men bìng bù néng liè shí dà xíng liè wù　tā men kě néng huì
它们并不能猎食大型猎物，它们可能会

yī kào xiōng měng de wài biǎo kǒng hè qí
依靠凶猛的外表恐吓其

tā liè shí zhě
他猎食者。

zhòu zhě lóng de tóu bù yǒu hěn duō xuè guǎn　　tā men de tóu bù bù néng
皱褶龙的头部有很多血管，它们的头部不能

héng shòu wài lì zhuàng jī　yīn cǐ　zhòu zhě lóng bìng bú shàn yú dǎ dòu
承 受 外 力 撞 击 ，因 此 ，皱 褶 龙 并 不 善 于 打 斗 。

zhòu zhě lóng de yá chǐ duǎn xiǎo　 bù
皱 褶 龙 的 牙 齿 短 小 ，不

zú yǐ zhì dà xíng liè wù yú sǐ
足 以 置 大 型 猎 物 于 死

dì　yīn cǐ　zhòu zhě lóng kě néng
地 ，因 此 ，皱 褶 龙 可 能

zhǔ yào yǐ fǔ ròu wéi shí　huò bǔ
主 要 以 腐 肉 为 食 ，或 捕

shí xiǎo xíng liè wù
食 小 型 猎 物 。

恐龙档案

♠ 身长：6米～9米

♥ 体重：0.7吨～1吨

♣ 生存时期：白垩纪

◆ 化石发现地：尼日尔

9

北票龙

běi piào lóng shì yì zhǒng qí tè de kǒng lóng tā men shēn shang zhǎn
北票龙是一种奇特的恐龙，它们身上长

yǒu yǔ máo
有羽毛。

běi piào lóng huà shí fā xiàn yú zhōng guó liáo níng shěng de běi piào shì fù
北票龙化石发现于中国辽宁省的北票市附

jìn zhè zhǒng kǒng lóng yīn cǐ ér dé míng
近，这种恐龙因此而得名。

♠ 身长：约 2.2 米

♥ 体重：约 85 千克

♣ 生存时期：白垩纪

◆ 化石发现地：中国

10

běi piào lóng zài hěn cháng yí duàn shí jiān nèi dōu shì yǐ zhī shēn xíng zuì
北票龙在很长一段时间内都是已知身形最

dà de fù yǔ kǒng lóng   zhí dào   nián yuè běi piào lóng de dì wèi cái
大的覆羽恐龙，直到2012年4月，北票龙的地位才

bèi yǔ bào lóng suǒ qǔ dài
被羽暴龙所取代。

　　běi piào lóng qián zhī zhǎng yǒu dà xíng gōu zhǎo
　　北票龙前肢长有大型钩爪，

kě yǐ yòng lái fǔ zhù jìn shí
可以用来辅助进食，

yě néng yòng lái dǐ yù dí rén
也能用来抵御敌人。

扇冠大天鹅龙

恐龙档案

♠ 身长：约12米

♥ 体重：不详

♣ 生存时期：白垩纪

◆ 化石发现地：俄罗斯

shàn guān dà tiān é lóng tóu bù hěn xiǎo jǐng bù cū
扇冠大天鹅龙头部很小，颈部粗

zhuàng bèi bù shāo yǒu lóng qǐ shàn guān dà tiān é lóng de guān shì hěn dà
壮，背部稍有隆起。扇冠大天鹅龙的冠饰很大，

nèi bù shì zhōng kōng de guān shì kě néng yǒu fā shēng gōng néng qǐ dào yǔ
内部是中空的，冠饰可能有发声功能，起到与

tóng bàn gōu tōng de zuò yòng
同伴沟通的作用。

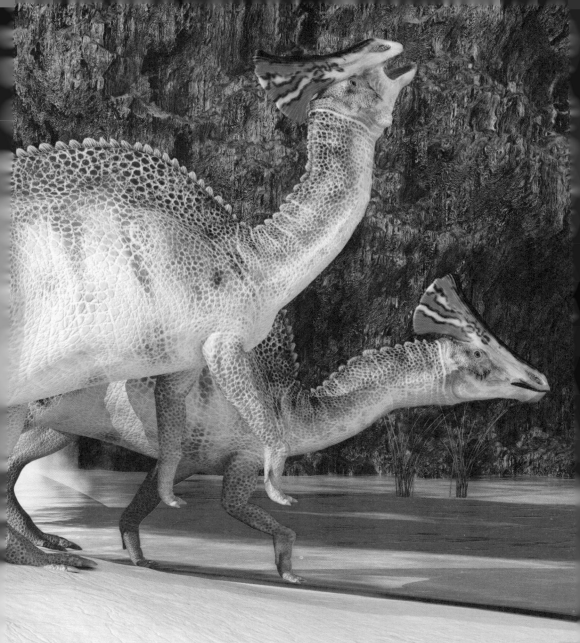

shàn guān dà tiān é lóng jì kě yǐ yǐ hòu zú zháo dì de fāng shì xíng
扇 冠 大 天 鹅 龙 既 可 以 以 后 足 着 地 的 方 式 行
zǒu yě kě yǐ yǐ sì zú zháo dì de fāng shì xíng zǒu
走 , 也 可 以 以 四 足 着 地 的 方 式 行 走 。

阿利奥拉龙

ā lì ào lā lóng shì yì zhǒng yǐ hòu zú
阿利奥拉龙是一种以后足

xíng zǒu de dà xíng ròu shí xìng kǒng lóng　tā men
行走的大型肉食性恐龙。它们

shēn tǐ qiáng zhuàng　jī ròu fā dá
身体强　壮，肌肉发达。

ā lì ào lā lóng yǔ tè bào lóng yǒu hěn duō xiāng sì zhī chù　ér qiě
阿利奥拉龙与特暴龙有很多相似之处，而且

tā men shēng cún yú tóng yì shí dài hé tóng yí dì qū　yīn cǐ　gǔ shēng wù
它们生存于同一时代和同一地区，因此，古生物

xué jiā tuī duàn　ā lì ào lā lóng yǔ tè bào lóng kě néng shì jìn qīn
学家推断，阿利奥拉龙与特暴龙可能是近亲。

ā lì ào lā lóng shì yì zhǒng xiōng měng cán bào de liè shí zhě　ruì lì
阿利奥拉龙是一种凶猛残暴的猎食者，锐利

de yá chǐ shǐ tā men néng gòu qīng yì yǎo suì liè wù de gǔ tou
的牙齿使它们能够轻易咬碎猎物的骨头。

ā lì ào lā lóng hòu zhī cháng ér yǒu lì　néng kuài sù bēn pǎo
阿利奥拉龙后肢长而有力，能快速奔跑。

恐龙档案

♠ 身长：5米～6米

♥ 体重：约1吨

♣ 生存时期：白垩纪

◆ 化石发现地：蒙古国

马普龙

mǎ pǔ lóng shì yì zhǒng dà
马普龙是一种大
xíng ròu shí xìng kǒng lóng　xìng qíng
型肉食性恐龙，性情
shí fēn xiōng měng
十分凶猛。

16

尽管马普龙身形较大，但是为了提高捕食效率，马普龙会集体猎食，共同围捕大型猎物。

马普龙的牙齿并不是很长，无法直接杀死大型猎物，但它们会撕咬大型猎物的皮肉，使猎物失血过多而死。

恐龙档案

♠ 身长：10 米～14.5 米

♥ 体重：约 3 吨

♣ 生存时期：白垩纪

◆ 化石发现地：阿根廷

大夏巨龙

大夏巨龙是一种大型蜥脚类恐龙，其最显著的特点就是头部较小，脖子和尾巴较长。

大夏巨龙生活在丛林中，为了维持庞大身躯的能量消耗，大夏巨龙经常在丛林中游走，寻找食物资源。

大夏巨龙并不"挑食"，它们的食物范围十分广泛，但它们的进食效率较低，因此，大夏巨龙的进食时间相对较长。

大夏巨龙的脖子长度几乎能占到身长的一半，这也使大夏巨龙成为了在中国地区发现的最长的恐龙之一。

恐龙档案

♠ 身长：28米~30米

♥ 体重：不详

♣ 生存时期：白垩纪

◆ 化石发现地：中国

腱龙

- ♠ 身长:7米~10米
- ♥ 体重:1吨~2吨
- ♣ 生存时期:白垩纪
- ◆ 化石发现地:美国

jiàn lóng shì yì zhǒng bèn zhòng de kǒng lóng　tā men zuì míng xiǎn de
腱龙是一种笨重的恐龙,它们最明显的
wài xíng tè diǎn jiù shì zhǎng yǒu yì tiáo yòu cháng yòu zhòng de dà wěi ba
外形特点就是长有一条又长又重的大尾巴。

jiàn lóng mì shí néng lì jiào qiáng　tā men zhǔ yào yǐ dī ǎi zhí wù wéi
腱龙觅食能力较强,它们主要以低矮植物为
shí　wú fǎ qǔ shí gāo chù de zhí wù zhī yè
食,无法取食高处的植物枝叶。

腱龙性情一般比较温顺，同类之间很少发生争斗，即便是与其他种类的恐龙共同生活，它们之间也能和谐共处。

遭遇猎食者袭击的时候，腱龙会一改温顺的本性，它们会用后肢踢打猎食者，或者用尾巴抽打猎食者。

南极龙

nán jí lóng shǔ yú tài tǎn jù lóng lèi   shēng huó zài
南极龙属于泰坦巨龙类，生活在

nán měi zhōu dì qū   shì yì zhǒng tǐ xíng jù dà de   yǐ
南美洲地区，是一种体形巨大的、以

sì zú zháo dì fāng shì xíng zǒu de zhí shí xìng kǒng lóng
四足着地方式行走的植食性恐龙。

♠ 身长：约18米

♥ 体重：约34吨

♣ 生存时期：白垩纪

◆ 化石发现地：阿根廷

南极龙四肢粗壮，尾巴很长，长尾巴能够帮助它们在行走时保持身体平衡。当遇到猎食者攻击时，它们会用力挥动尾巴抽打敌人。

古生物学家根据目前发现的部分南极龙化石推测，南极龙的身体从背部到侧腹部可能长有一层厚厚的骨质鳞甲。

图书在版编目(CIP)数据

恐龙大百科. 白垩纪大探险／崔钟雷主编. -- 哈尔滨：黑龙江美术出版社，2021.7
ISBN 978-7-5593-7694-7

Ⅰ. ①恐… Ⅱ. ①崔… Ⅲ. ①恐龙 – 少儿读物 Ⅳ.
①Q915.864–49

中国版本图书馆 CIP 数据核字(2021)第 141651 号

书　名／**恐龙大百科　白垩纪大探险**
KONGLONG DA BAIKE BAI'EJI DA TANXIAN

出 品 人／于　丹
主　　编／崔钟雷
策　　划／钟　雷
副 主 编／姜丽婷　贾海娇
责任编辑／郭志芹
责任校对／张一墨
装帧设计／稻草人工作室
出版发行／黑龙江美术出版社
地　　址／哈尔滨市道里区安定街 225 号
邮政编码／150016
发行电话／(0451)55174988
经　　销／全国新华书店
印　　刷／日照教科印刷有限公司
开　　本／720mm × 894mm　1/32
印　　张／9
字　　数／70 千字
版　　次／2021 年 7 月第 1 版
印　　次／2021 年 7 月第 1 次印刷
书　　号／ISBN 978-7-5593-7694-7
定　　价／180.00 元(全十二册)

本书如发现印装质量问题，请直接与印刷厂联系调换。